礦物質保健聖經

張慧敏 著

致 謝

感謝在美任職的崔鼎城醫師在百忙之中爲本書爲序。

感謝一路支持我的讀者們不斷地給我鼓勵和迴響。希望這本書能提供大家對礦物質更多的瞭解，並從而獲得更清晰的養生觀念，身體更健康，精神更愉快！

〈推薦序〉

礦物質對人體的影響是全面性的

微量礦物質元素是人體內需要量極微少，但卻又不可或缺的必要礦物質。早在百年前的西方醫學已知鐵與碘的生理作用，而已有數千年歷史的中國藥理上，更經常引用各類礦石作爲藥用或藥引。礦物質缺乏所引起的病變以及礦物質預防和改善疾病的研究更爲本世紀的熱門主題。

人體對許多微量元素礦物質的需要量非常微少。雖然有些微量元素在人體內的需要量在幾個微克到幾個毫克之間，但是對身體的生化代謝非常重要。這些礦物質通常會與蛋白質等有機物質形成複合物，例如鐵與蛋白質形成運鐵蛋白質以便運送和儲存鐵元素。不同的礦物質具有不同的生理機能，並且主控著人體各器官、組織和各系統的功能。但是其需要量各有不同，不可缺乏但亦不可過量。

礦物質對人體的影響是全面性的，人體健康與礦物質的關係「非比尋常」，必須達到相輔和相斥的均衡狀態。就以運動選手爲例，在比賽時心理上的壓力增大，身體的肌肉反應也較強烈，運動員爲了增強體力，經常食用牛奶和肉類等蛋白質，以及服用鈣劑來補身體。結果不但肌肉容易痙攣，肌耐力下降，即使經過充分的休息，也無法消除疲勞，其原因則爲體內鎂不足的現象。

這就是典型的礦物質不均衡的典型例子。

民以食爲天，孰不知「病從口入」，身體體質的好壞，多半是因爲我們選擇食品的結果。如果食物來源品質不佳，又如何期待有良好的身體？

《礦物質保健聖經》一書中提供了許多有關礦物質的豐富資料，不難看出張慧敏女士寫這本書時的用心。相信本書的內容必定會深深引起讀者們的共鳴。

多年來張慧敏女士一直衷心於營養教育工作，有關保健書籍著作，已多達二十餘本，並且經常應邀講授與食療相關的專題演講。

二十一世紀的醫學是個預防重於治療，保健更受重視的新時代。以我多年內科醫師並兼營養委員會會長的資歷，我深深感受到許多慢性病患對礦物質的重要性缺乏完整的知識，《礦物質保健聖經》一書中作者對礦物質多方面的效益以淺顯易懂的文字呈現。內容完整詳盡，是一本值得閱讀及參考的礦物質百科全書。

故欣爲序

美國紐約市立柯勒醫院內科主治醫師兼副院長及營養委員會會長

崔鼎城醫學博士

〈作者序〉

從台灣兩位知名學者科學家談起

國立台灣大學校長李嗣涔博士所著的《難以置信——科學家探尋神祕信息場》，述說有關信息磁場及特異功能的現象及理論，令許多科學家及學者們震驚，並引起熱烈的討論，雖然在目前多數的主流正統科學，無法以科學方式認證，但是在日漸茁壯的非主流能量醫學和自然醫學的領域中，則是受到一定程度的肯定。

長庚大學、明志科技大學、長庚科技大學及長庚生物科技董事長楊定一博士，在民國101年1月出版的《眞原醫》一書，不到一個月，已為第四次印行的暢銷書。其書中強調意識、慈悲和心念信息所產生的波動能量，能使人健康、快樂，肯定以分子矯正醫學和自然醫學的同類療法，具有保健和治療的效果。楊博士強調「當選擇預防保健的養生方法時，也不要偏廢了常識的力量」，應在傳統醫學與非傳統醫學之間找到平衡點。並且肯定臭氧、負離子和芬多精使人得到身心平衡的效用。更提到「礦物質參與人體各項的酵素活動、平衡體液及能量補給等生化反應。沒有維生素，礦物質能單獨反應；但缺少礦物質的參與，維生素吃再多也不會作用，因此礦物質被視為五大營養素之首」。

李嗣涔博士與楊定一博士都是台灣尊敬信賴的知名學者，從他們的學術理念中都強調礦物質的重要性。礦物質是身體重要的螺絲，身體一旦缺乏礦物質時，就好像機械中掉落了重要的螺絲一樣，會使身體失調甚而導致疾病等不良的後果。

雖然現代營養學對微量元素已相當重視，並有多方面的研究，但是大多數的研究多針對維生素、氨基酸和酵素各方面的研究，雖然對礦物質的重要性多加肯定，但因礦物質種類眾多，因此研究上多以針對宏量礦物質鈣、鎂、鉀、鈉、硫、磷、氯等的研究居多，至於微量礦物質則多局限於針對鐵、鋅、銅、硒、碘、鉻、矽、硼、鍺、氟、錳、釩、鋰等的研究。人體所需的礦物質元素應多達七十餘種，尚有五十多種的微量礦物質不只是大眾感到陌生，就連從事疾病醫療的醫師和營養保健的專業工作人士也很少做全方位的瞭解。

早在九年前我以《礦物質的聚會》一書說明礦物質的重要性，不但要重其質，更要知其量，而且必須瞭解其相互之間的相輔相成和相克相斥的關係，而非盲目的依據大眾相傳的訊息而無知地食用。許多人都以為平日吃鈣的補充劑，或是多吃含鈣量多的食物就可以預防骨質疏鬆，卻不知鈣的吸收必須與鎂、磷、鐵、鋅、錳、鉀、銅、鈉之間相互配合，並且鈣的吸收除了需要維生素D和維生素C之外，還要有正面愉快沒有壓力的心境，以及定量的運動，才能維護骨骼的健康。

感謝衷誠的讀者們，這十年來一直給我鼓勵，並經常和我討論有關礦物質的各種問題，因此激起我需要對礦物質一書做更為完整的詮釋。其實礦物質在近十年的宣導中，已經開始受到重視，但是對它的瞭解，還是狹義的。

李嗣涔博士和楊定一博士受到西方科學的教育並能接受另類醫學的思維，肯定「自然界中動物、植物、礦物三者相依而存，就像我們的身、心、靈一樣相互輝映」，肯定中西並用的醫學觀念，以及和諧的量子諧振的能量醫學。當我編修礦物質此書時，多加了一篇有關礦物質和水晶對心靈感應與能量互相的關係，藉由寶石和水晶的磁場波動，消除外在不適於人體的頻率，並強化人體細胞內分子、原子的共振和共鳴，加速分子與分子間的摩擦，活化細胞組織，改善身心健康。

因礦物質而引起的疾病，大部分的人多對其認知不足，尤其缺乏礦物質而引起的各種慢性病，因為從事醫療的專業人士未能多加瞭解，因此未能「對症下藥」，這也是預防醫學上應該加速補救的方向。

有關礦物質的探討雖然很多，但是專書仍嫌不足，因此《礦物質保健聖經》希望能帶給讀者對礦物質有更多的瞭解。健康又長壽，是自古以來大家共同的願望，希望讀者們瞭解到礦物質的重要性與運用方法時，更能輕鬆擁有身體的健康和心靈的享樂。

張慧敏

〈關鍵報告〉

礦物質元素的需要性

根據美國國會第七十四次會期，第二次會議，參議院第264號文

我們身體的健康，直接仰賴所攝取進入身體組織的礦物質元素，要遠比依靠在熱量、維生素、澱粉、蛋白質、醣類的精準消耗量上顯得重要多了。

你是否知道現今大部分的人每一天因爲某些食物嚴重缺乏養分而受病痛之苦，甚至到無藥可治的地步嗎？除非提供我們食物來源的貧瘠土壤，藉著適當在礦物質上的均衡得以恢復。

令人憂慮的事實是，生長在好幾百萬英畝土地上的食物，包括水果、蔬菜與穀物，不再含有足夠量的礦物質。無論我們吃進多少食物，我們還是營養不良。現今沒有一個人能夠吃進大量的蔬果，用以提供礦物質來維持完美健康的身體系統，因爲人的胃部無法大到足以容納大量的蔬菜與水果。

事實上，我們所吃的食物在價值上的差異性很大，有一些是根本不值得作爲食物來吃。我們身體的健康，直接仰賴所攝取進入身體組織的礦物質元素，要遠比依靠在熱量、維生素、澱粉、蛋白質、醣類的精準消耗量上顯得重要多了。

這次有關礦物質的演講非常的新穎且令人驚訝。事實上，對

於食物中礦物質瞭解的重要性是嶄新的，甚至在營養學的教科書中均缺乏此類資料。然而，這就是我們所關心的事。當我們探索得愈深，愈讓我們感覺驚訝。

我相信你會認爲胡蘿蔔只是胡蘿蔔吧？你會認爲每一根胡蘿蔔就其營養而言，會與另一根胡蘿蔔相同吧？其實不然，一根胡蘿蔔可能外型與吃起來像另一根胡蘿蔔，但卻缺少我們體內系統所需、而胡蘿蔔應該足以供應的礦物質元素。

實驗室裡的檢驗結果向我們證明：今天我們所吃的水果、蔬菜、穀物、蛋品，甚至牛奶與三餐，已經和幾個世代以前的同樣食物不相同了。這毫無疑問地，可以解釋爲何我們的祖先因對食物的選擇而身體健壯，我們卻反而營養不良。

現今沒有一個人能夠吃進大量的蔬果，用以提供礦物質來維持完美健康的身體系統，因爲人的胃部無法大到足以容納大量的蔬菜與水果。

均衡和完備營養的食物，不再僅是提供大量卡路里、某些維生素，或者固定比率的澱粉、蛋白質或碳水化合物而已。我們知道我們的食物中還需要具有某些特定的礦物質鹽類。

我們從卓越的權威研究中，得知一個很不好的消息就是，90%的美國人缺乏上述礦物質元素，而只要嚴重缺乏這些重要礦物質元素之某一種，的確會產生疾病。任何我們人體所需要之礦物質元素產生不平衡的攪擾或顯著的缺乏時，將使我們生病、受苦，甚至縮短生命。

我們知道維生素是化學物質的複合體，在營養上是不可或缺的，也是維持身體組織細胞正常功能運作所必需的，任何維生素的缺乏會引起身體的異常與疾病。然而，一般人可能不太瞭解：維生素控制著礦物質元素的運用，而且缺乏礦物質元素的話，就無法執行任何身體功能上的運作了。缺乏維生素時，人的身體仍可運用某些礦物質元素，若缺少了礦物質元素，維生素則完全無用武之地。

的確，我們身體的健康，直接仰賴所攝取進入身體組織的礦物質元素，要遠比依靠在熱量、維生素、澱粉、蛋白質、醣類的精準消耗量上顯得重要多了。

這項研究發現是科學界對於人體健康問題最近與最重要的貢獻之一。

目 錄

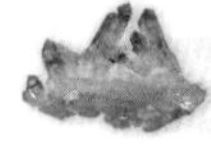

第一篇

礦物質是最重要的生命要素

1 礦物質的重要性

一、生命的重量

「死有重於泰山，輕於鴻毛」，仔細推敲，其對生命價值的定義富含哲理，然而生命的眞實重量，到底該如何度量呢？當生命告終，靈魂離開軀體，生命還剩下什麼？若是生命可以秤量，又該有多重呢？我們以火化的方式處理動物軀體，剩下的灰燼用容器盛裝，以秤度量，就可以得知其生命所剩爲何？重量幾許？如果再進一步以科學的方法檢視這些灰燼，我們將驚訝地發現，在這些灰燼中，竟全是鈣、磷、鉀、鈉、硫、鎂等礦物質和數十種其他的微量礦物質，所以，我們可以確定，生命的基礎構造乃由礦物質所組成。同時印證《聖經》所云「人由塵土所造……」、「生于塵土，歸于塵土」。

二、人體礦物質必須來自外在的供應

雖然礦物質僅占人體體重的4～5%，但卻是維持生命、構成軀體的重要成分。無論是動物或植物，他們的組織器官經過燃燒後，所留下的灰燼，就只含有礦物質，其中尤以鈣和磷的含量最多，占所有礦物質含量的四分之三，鉀、硫、鈉、氯、鎂等總和僅占其餘的四分之一，而其中尚含極少量的微量礦物質，驚人的是，這些微量礦物質的種類，卻多達七十餘種。

雖然，人體可以自行合成某些種類的維生素，但是絕大多數的維生素都必須攝取自日常的食物。而礦物質的需求則絕對依賴食物和水的供給，別無其他途徑。爲了延續生命，人類必須由水和食物中，或是營養補充劑中攝取足夠的礦物質。

三、礦物質是生命的原動力

生命力有賴於礦物質，礦物質對人類健康有絕對的重要性，沒有礦物質，就沒有生命。如前所述，生物體經過火化後的灰燼，就僅存礦物質。生物體細胞內的各種礦物質組合均衡，就能免於各類病痛，並能延年益壽。人體缺乏某些礦物質，會造成發育遲緩，免疫機能不足，抗病力低，精神狀態偏差，身體機能減弱，代謝作用異常，身體各部腺體均無法正常運作。

人體內，除了極少數的礦物質爲游離狀態的金屬離子外，大部分的礦物質如血紅素和甲狀腺素等，皆以有機化合物的形態存在於體內。而其他部分的礦物質如磷酸鈣、氯化鉀和氯化鈉等則是以無機化合物之形態存在於體內。

許多重要的礦物質，例如鈣、磷、鎂、硫，是形成骨架、骨質和牙齒的主要成分；稀有礦物質包括鋅、鉻、硒、鈷、氟等，也是形成體內酵素之必要元素；有了它們，身體內千餘種的生化機能，才得以正常運作。

西元1980年，美國國家科學研究會（NRC）曾發表研究報告：「當一群人或是一個地區的人，普遍缺乏某種營養素時，水對他們而言更形重要，因爲水中含有有益健康的稀有礦物質。」此外，嬰兒飲用的母乳，亦含有各類稀有礦物質，可幫助幼兒生長，及產生對抗疾病的免疫功能。

綜觀上述，足證礦物質爲生命延續的重要動力。

人奶中主要礦物質及其含量

主要礦物質	濃度範圍（毫克／公升）mg/L	稀有礦物質	濃度範圍（微克／公升）μg/L
鈣	3.5	鋅	400～800
鎂	0.4	鐵	200～1,450
鈉	1.5	銅	150～1,340
鉀	5.7	硒	7～60
磷	1.5	鉻	0.43～80
硫	1.4	錳	6～120
氯	4.0	鎳	10～150
		鈷	0～440
		鉬	0～2

註：稀有礦物質含量差異性與授乳母親的飲食習慣有直接關聯。

礦物質缺乏對人體的影響

1.身體各系統功能失調。

2.身體無法吸收養分和排除毒素。

3.細胞無法正常分裂，產生早衰老化現象。

4.新陳代謝無法正常進行。

5.體內電解質和pH值無法平衡。

6.缺乏任何一種礦物質，都會影響其他相關礦物質的吸收和運作。

7.中樞神經訊息無法正確傳導，影響精力、腦力及情緒的平衡。

8.影響橫紋肌的收縮功能，導致動作遲緩或偏差。

9.影響心肌的收縮功能，導致心臟血管的收縮和腸胃的蠕動失調，病痛由此而生。

10.免疫系統訊息無法正確傳導，造成免疫功能失調，形成各類免疫功能失調的疾病。

2 礦物質與人體健康的關係

一、礦物質存在人體內的質與量

礦物質可依人體的需求量來區分，若每日需要的攝取量大於100毫克（mg），稱爲宏量礦物質或是巨量礦物質（Macromineral），例如鈣、磷、鈉、鉀、氯、鎂和硫等；若每日的攝取量少於100毫克，則稱爲微量礦物質（Micromineral），例如鐵、銅、鋅、錳、錫、矽（硅）、氟等；而每日用量以微克計算者，稱爲超微量礦物質（Ultratrace Mineral），例如硒、釩、鎳、鉻、碘、鈷、鉬等。微量礦物質和超微量礦物質以及維生素等均爲人體必要的微量元素。

不同的礦物質具有不同的生理機能，並且主控人體各類器官、組織系統的功能。人體可由各種動、植物性食物、鹽、水和空氣中攝取到各種礦物質。影響人體吸收礦物質的原因很多，外在因素有環境、空氣、土壤、水源等；內在因素則在於攝取礦物質的形態與質量，或是人體的健康狀況、性別、年齡與生活習慣等。

有一部分的礦物質，是以有機化合物的形態存在於體內，例如磷脂類、血紅素、磷蛋白質、甲狀腺素等；另一部分的礦物質，則為無機化合物，例如氯化鈉、氯化鉀、磷酸鈣等；另外還有非常少部分的金屬離子，以游離狀態存於體內。

二、礦物質對人體的主要功能

礦物質的質與量以及在人體內的均衡情形，都直接或間接的影響到人體的健康狀況。礦物質對人體各部的功能包含了各種生化反應過程，而其間的各種過程都與人體的健康有著密切的關係。

礦物質對人體主要的功能有：

1.活化人體細胞。在礦物質完全均衡的狀態下，可以提升身體的生化作用，避免因老化所引起的各類病痛。

2.為構成堅硬組織的主要成分，例如骨骼、牙齒等包含了大部分的鈣、磷和鎂等礦物質。

3.維持循環系統，血壓和酸鹼值的均衡，並能調節滲透壓，控制細胞內、外水分的平衡。

4.促進消化、吸收和排泄的功能。

5.為構成柔軟組織的必要成分，例如肌肉和神經內含有多量的鉀。

6.神經系統需靠礦物質來傳達各種訊息和指令，以控制肌肉收縮，促進神經對刺激的正常反應。

7.調節生理機能，體液中的礦物質可以促進新陳代謝，清除體內毒素和廢物。

8.輔助酵素、腺體賀爾蒙和維生素的形成。例如鐵在觸媒酵素（Catalases）和細胞色素氧化酶（Cytochrome Oxidase）中；鋅在分解蛋白質的羧肽酶（Carboxypeptidase）中；碘在甲狀腺素內；鋅在胰島素內。稀有礦物質更是構成維生素的重要成分，例如鈷、銅、硒存在於維生素B_{12}內，硫存在於維生素B_1內。

9.穩定情緒及精神狀態。

10.保護身體不受有毒物質的傷害。促使白血球活躍，強化免疫機能。

11.是各種生理反應的接觸劑，對各種營養素的分解代謝及合成有觸化作用。是許多重要輔酵素的基本元素。

12.可增強體力，克服壓力。

三、微量礦物質與慢性疾病

醫學進步，人類的壽命逐漸增長，但是各種慢性病痛，反而有增無減。而這些慢性病的發生率，與缺乏某些礦物質有相當的關聯性。造成礦物質缺乏的原因，除了營養攝取不均衡之外，環境汙染造成體內自由基生成過多，導致細胞破壞產生病變，身體機能失調，或加速老化等，茲將前述各類礦物質與常見的慢性疾病之間的相關性整理如下表。

疾病與礦物質的關聯性

疾病名稱	需要加強補充的礦物質
貧血	鐵、銅、鈷、鋅、硒
骨、齒發育不良	鈣、氟、矽、鋅、錳、硼
牙周病	錳、鐵、銅、鋅、鎂
白內障	碘、硒、銅
視網膜病變	銅、鋅、鉻、鈣、鎂、錳
氣管炎	鎳、鋅、鈣
畸形兒	鋅、硒、銅、鈷、錳、鉀
風濕、關節炎	銅、硼、鈣、鎂、鉀、鋅、鐵、氟
口瘡炎	鋅、銅、鐵
腹瀉或便祕	鋅、銅、鐵、鎂、鉀
肝功能失調、肝炎、肝硬化	硒、鉻、鈷、鋅、鉬、錳、鎂
氣喘	鋅、碘、鉬、鎂、鉀、鎳
不孕症	鋅、硒、銅、鋅、鈷、錳、鈣
生殖系統異常	釩、錳、鋅、鉻、硒、鈣
糖尿病	釩、錳、鋅、鉻、硒
手腳冰冷、麻木	鎂、鈣
痙攣	鈣、鎂、錳、鈉
心血管疾病	鋅、氟、鍺、釩、硒、錳、鈣、鎂、鉀、銅
免疫系統衰退	鋅、硒、鉻、銅
肌肉萎縮與纖維化囊腫	硒、錳、鉀
過動症	鋅、鎂、鈣、鉻、鋰
脫髮	鋅、銅
脆指甲	鋅、鐵、鈣
憂鬱症	鈣、鋅、鈉、鎂
癌症	硒、鍺、鎵、鐵、錳、鉻、鋅
更年期綜合症	硼、鋰、銅、硒、鋅、錳、鈣、鎂
腎臟病	鋅、鈷、鐵、硒、鈣、銅

哪些人最需要補充礦物質？

1.身患慢性疾病及病情逐漸康復中的病患。

2.整天忙碌、面對生活壓力大的成年人。

3.進行減肥、減重計畫，而無法正常飲食者。

4.懷孕期間、產後或以母乳育嬰的婦女。

5.成長中的小孩及發育中的青少年。

6.禮佛、宗教素食主義且茹素多年者。

7.喜愛登山、越野，活動量大的戶外運動者。

8.農夫、工人、勞動者等靠體力勞動的人。

9.骨骼、關節、牙齒發育不佳，鈣質嚴重缺乏者。

10.智力成長不足、過動兒童、身心發展不均衡者。

11.喜歡運動跑步、做柔軟操及健身操的運動員。

12.長期飲用RO逆滲透水、蒸餾水、純水的愛用者。

13.功課繁重、過度用腦、面臨考試的學生們。

14.大量流汗、容易疲勞、體力不佳、行動遲緩者。

15.因高齡導致新陳代謝功能日漸趨緩者。

16.屆齡更年期、骨質疏鬆症、糖尿病、洗腎病患等人。

3 礦物質的形態與類別

一、離子化礦物質

將食鹽、蔗糖等物質溶解於水中，即均勻分散而成清澈的水溶液，在化學上稱之為眞溶液（True Solution），一般酸、鹼、鹽類等溶於水中的礦物質多為眞溶液，且具導電性。礦物質須在離子化的形態下，方能被人體吸收。離子化礦物質（Ionic Minerals）的粒子（一個原子或一群原子）帶有電量，帶正電的離子稱為正離子，帶負電的離子稱為負離子。身體內重要的正離子包括鈉、鉀、氫和鈣，重要的負離子包括碳酸、氯化物、磷酸。唯有在熔合或溶於水中的兩種形態下，礦物才會帶有電價（銅絲就是熔合導電的例子），但人體只能運用帶電解質、具有生物電能的礦物質。

人體中七十餘種電解化的礦物質，其所有的作用尚未得知。但是，許多重要的身體功能的確是憑藉電解質在細胞膜的移動而得以發揮。例如：藉由鈉、鉀、鈣滲透神經細胞膜或肌肉細胞膜的作用，得以傳遞至神經膜內的電學變化因而產生肌肉收縮，就是體內電解質的重要功能之一。

二、膠體性礦物質

若將樹膠、蛋白質等物質溶於水，它們亦可在水中均勻分散，但其溶液不完全澄清，但亦不會沉澱，這種溶液稱之為膠體溶液（Colloidal Solution）。膠體性礦物質（Colloidal Minerals）是包含一個大型分子或是一群小型分子在固態、液態和氣態中的礦物質。膠體不能溶解，也不能以透析方式穿過細胞膜。膠體性礦物質在溶液中呈懸浮狀，不能導電，也不能在體內產生生物電解現象。

三、膠體性礦物質具有殺菌和癒合功效

膠體液中的金屬離子有時明顯的比真溶液更有用。例如，真溶液硝酸銀溶液，因為具有腐蝕性，會嚴重破壞身體組織和體液，對身體害處比益處多。相反的，在膠體液中游離的銀，其中多量的銀離子對濾過性病毒、黴菌、酵母菌和細菌等微生物具有殺傷力。但是毀損性很和緩而不至於刺激到身體組織。膠體性的銀粒子不能被身體內的組織吸收。所以膠體性的銀可直接塗抹在脆弱的細胞膜上，例如滴在眼睛裡，沒有刺激性但有醫療效用。膠體性銀不同於硝酸銀真溶液，因為硝酸銀中的銀具有腐蝕性，會對表皮產生刺激、灼熱感。其他又如離子化活性礦物質也可以

直接塗抹在新割的刀傷或青腫的皮膚上，但是會如酒精般的含有刺激性，可是它的治療功能卻遠超過消毒劑，但是，以膠體性銀來塗抹，不但具有殺菌功能，而且免於螫痛之感。

新的燒傷也可直接擦抹「活性礦物質」，不但不會產生刺激性，而且能很快的消除痛感。有關電解礦物質能治療燙傷的理論尚未明瞭，但是它能像魔術般治癒燙傷而不感到痛楚和不受外物的感染。

四、鉗合環狀的螯合礦物質

有些礦物質補充劑的製造廠，將他們的礦物質「螯合」。螯合的名詞來自早期希臘的「爪」字，也就是元素被某種化學物質的爪嵌住後，進入細胞內，經過生化過程後再行分離。細胞膜由脂肪和蛋白質包裹成兩層。這層膜包圍住細胞，並有調節物質進出細胞的微小的電解性礦物質的分子，可以自由出入細胞膜，但是較大的有機螯合的礦物質，則必須借助適當胺基酸的攜帶才能通過細胞，經過一連串的生化作用，再游離成爲離子形態後，才能被身體吸收。螯合礦物質（Chelated Minerals）被身體的吸收率，較一般穩定型的礦物質化合物爲高，但是它必須耗費身體能量，使其成爲具電解形態的礦物離子後，才能爲人體所吸收。

五、奈米化礦物質

礦物質經過奈米技術，將其奈米化成爲超小粒子，進入人體後，更容易被吸收。某些礦物質甚至可直接經肺部或靜脈注射吸收，但是其等級必須已達到醫藥等級，並非能在一般市面上銷售。

★何謂「奈米技術」？

奈米科技（Nanotechnology）又稱爲納米科技或毫微米科技，是二十一世紀最具前瞻性與顚覆性的科技。正如諾貝爾物理學獎得主羅雷爾（Heinrich Rohrer）所說：「（二十世紀）七○年代重視微米（Micrometer; μm）技術的國家如今都成爲發達國家，現在重視奈米技術的國家很可能成爲下一世紀的先進國家。」

目前除了電腦超精密機材、材料化工、光學領域外，生物科技也積極加入奈米科技的領域，並且投入大量的資金與人力研究此種技術。所謂「奈米技術」，則是指通常用來描述可見波長的長度單位，以原子或分子的單位（Nanometer）爲單位的理念。科技的進展，Nanometer這個長度單位的曝光率也愈來愈高。「毫微米」、「奈米」或「納米」之命名相持不下，誰也不肯退讓。Nanometer是Nano（十億分之一）加上Meter（公尺），直譯就是「十億分之一公尺」。但是要把它當成一個中文單位，則需要詳加思考。在科技上，「毫」定義爲千分之一，「微」定義爲百萬分之一，因此「毫微」正好是十億分之一。至於「奈」和「納」則是Nano第一音節的音譯，本身並沒有微小的意思。Meter意譯爲公尺，有時爲求簡化，意譯爲「米」，因此Nanometer可以譯成「微毫公尺」或者「十億分之一公尺」。但是譯爲「毫微米」是一種妥協，而「奈米」、「納米」優點在於音譯簡潔。

我們以十億分之一即爲十的負九次方（10^{-9}）稱之爲「奈」或「納」（Nano），簡寫爲（n），十的負六次方（10^{-6}）稱之爲「微」（Micro）簡寫爲（u），十的負三次方（10^{-3}）稱之爲「毫」（Milli）簡寫爲（m），其實只要特徵尺寸（Feature Size）小於「微」（Micro）的製造技術，就該歸屬於奈米技術的範圍。

奈米（納米）其長度相當於只有十億分之一公尺。這種超微小的長度，實在難以想像。如果我們把整個地球縮小到十億分之一，地球的直徑大概就只有如一顆彈珠的大小，所以我們可以明顯地瞭解十億分之一公尺是多麼微小了。再以我們的頭髮爲例，一根頭髮的直徑等於一千個奈米，奈米長度又相當十億兆本書擠在一塊方糖裡。這實在是個超乎想像的細微長度。而奈米微度是大於原子族的，因爲我們知道原子是組成質的最小單位，例如，自然界中氫原子的直徑是最小的，僅爲0.08nm，而非金屬原子的直徑一般爲0.1～0.2nm，而金屬原子直徑一般爲0.3～0.4nm。因此1nm相當於數個金屬原子直徑之和。而由幾個至幾百個原子組成粒徑小於1nm的原子集合體，則稱爲「原子簇」或「團簇」（Cluster）。

在半導體製程加速進級的科技下，目前已經達到0.11微米的突破性發展。相信不久就能以奈米科技將美國國會圖書館的資訊壓縮到一個僅有0.3釐米大小的矽片上。奈米科技突破傳統製造方法，從物質的最基本單位——原子和分子層次來操控物質，組合出極其微小的新材質。奈米粒子雖然比原子粒子大，但是用肉眼和一般的光學顯微鏡仍然是看不見的，而必須用電子顯微鏡放大幾萬倍，才能看得見單個奈米微粒的大小和形貌。我們人體血液中的紅血球大小約爲200～300nm，而一般的細菌長度約爲200～600nm，而能引起人體發病的病毒一般僅爲幾十奈米（nm），因此奈米微粒是比紅血球和細菌還小，而與病毒大小相當或略小些。

將來的生物醫技亦可借助奈米儀器進入人體血液循環器官中，對身體各部位進行檢測和診斷，甚而實施特殊治療，例如疏通腦血管中的血栓、清除心臟動脈脂肪沉積物，甚至可以吞噬病毒、殺死癌細胞等。

美國奈米生技公司Quantum Dot正研發出運用奈米科技偵測數百個比DNA還小的原子大小的量子分子，用以觀察病患體內細胞、蛋白質與疾病的各種反應，或是藥物在人體內如何運作的情形。其實，奈米技術的研究開發是需要材料、化學、機械、醫療及生化等各種科學領域的配合，並能夠應用在醫療環境等廣泛的範圍，所以奈米技術今後的市場規模將逐漸地擴展。

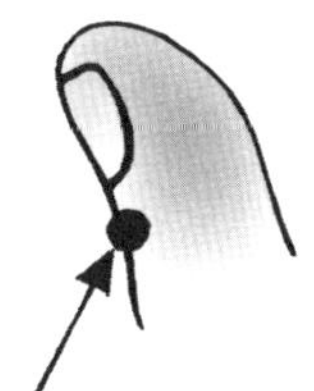
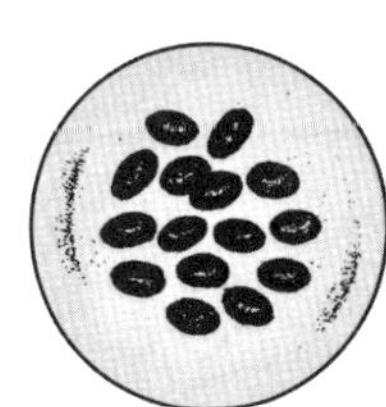
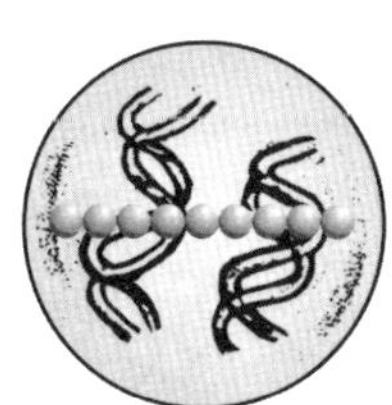

針頭100萬奈米　紅血球（1千奈米）DNA和分子（1奈米）　氫原子（0.1奈米）

1奈米=10^{-9}米，相當細胞的1/6,000大小

mm=毫米，μm=微米，nm=奈米，Å=埃

1mm=1,000μm，1μm=1,000nm，1nm=10Å

★奈米科技的生技應用

奈米科技廣泛地應用在各種產業上，幾乎與所聽、所見、所聞的各類事物密切相關。在奈米生技的應用上有健康食品、藥品、化妝品等。其中許多為大眾所常服用的礦物質，也以奈米技術，將之微米化，甚至奈米化。因為礦物質隨著顆粒直徑變小，所含原子數變少，表面原子比率顯著增大，超微顆粒的表面具有很高的活性。

礦物質粉末由於提煉製造技術過程的精密度，會影響粉末顆粒的大小，小顆粒粉末越小越活潑，且會互相吸引團聚成大顆粒粉末般，稍受外力就立即分成小顆粒狀（如同一堆小磁鐵吸引在一起很容易分開）；而大顆粒粉末如石塊般，需經物理化學作用才可以分解成為小顆粒狀。

礦物質大顆粒粉末含原子數量多，活性較小，較難吸收。
礦物質小顆粒粉末含原子數量少，活性較大，容易吸收。

真奈米vs.假奈米

奈米是無法目測的單位，市面假冒「奈米」之名銷售「非奈米」之實的廠商大有人在，一般民眾只要見到商品名稱為「奈米」，就以為產品達到奈米的級數。

1公分是10,000微米，1微米是1,000奈米，而市售許多產品粉末顆粒直徑約為數微米，卻大肆宣傳奈米科技，實在令人憂心。

因此建立權威的奈米認證已刻不容緩，奈米產品需經過有奈米量測技術的權威單位量測，並出具證明，以別真假。

微量礦物質與抗氧化

一、何謂「自由基」？

所謂「自由基」就是指一個或多個不成對電子的原子或分子，它們必須偷取附近的電子以維持其安定性，而這些被偷取電子的分子則因失去穩定性而成為自由基，且不得不去偷取其鄰近的電子，如此形成惡性循環的「自由基連鎖反應」，進而危害到生理組織，導致疾病。人體需要從食物中獲取能量，因此不斷地進行氧化、還原、吸收、排泄等新陳代謝作用，當氧化還原作用不完全時，所剩餘的氧反而會形成「活性氧」，且會攻擊細胞組織，造成細胞病變，損害人體健康，此種「活性氧」也是自由基的一種。

二、自由基造成各種病變

當自由基損傷累積過多後，細胞會變得呆滯、不能分裂，因而可能特別傷害到肌肉組織、腦和眼睛的水晶體，而受損壞的細胞就是衰老的主因。失去正常功能的細胞逐漸形成癌細胞，引發腫瘤和癌症。此外，也會導致心血管疾病、呼吸道疾病、腎臟病、肝炎、肝硬化、糖尿病、白內障、視網膜病變、關節炎、紅斑性狼瘡、帕金森氏症（Parkinson's Disease）、老人痴呆等病症。

三、適量的礦物質可以抵抗自由基

在自由基尚未能加害人體之前，就應該開始清除它。多數的礦物質，尤其是微量礦物質具有輔因子的功能，協助維生素或酵素的生成，促進其抗氧化功能，而非以自身來充當抗氧化劑，這些微量礦物質包括：銅、錳、鋅、鐵和硒，有如活化劑（Activators），可促使人體內的酵素活躍，沒有它們，維生素和酵素具保護的抗氧化作用很可能銳減，甚至根本不存在。當身體內含有均衡的礦物質後，抗氧化功能不但能增進人體內的免疫力，而且能保護人體不受輻射線和致癌因素的干擾。

我們常用維生素A、C、E以及葉酸作爲增強體內防禦，抗拒自由基，這些維生素和酵素攻擊自由基的方法不同，它們吸收額外的電子但本身不會轉變成自由基，因此讓具有破壞性的連鎖反應停止。無論是用維生素或是酵素來對抗自由基，我們都有賴於微量礦物質，例如，硒、鋅、鍺、銅、鐵、錳等在體內達成均衡，以協調強化輔酵素的功能，才能澈底達到清除自由基的機能。

微量礦物質與酵素

一、酵素在人體內的功用

酵素是一種可以調節體內化學作用的蛋白質，需與輔酵素一起作用，輔酵素則是由維生素和礦物質衍生而成。若沒有維生素與礦物質，輔酵素無法發揮正常功能。

身體各部位的細胞均能產生不同的酵素；不同的酵素群分布在不同的組織中，產生其獨特的功能。舉例而言，胰臟所分泌的消化酵素包括有脂肪酶、蛋白酶和澱粉酶，對於人體的脂肪、蛋白質以及澱粉的消化過程極爲重要。人體內的化學變化，酵素扮演著催化劑的角色，也就是說，它可以促進化學變化的速率。此類化學變化可能是修改部分體內組織中的酶解物，使其分裂或是將兩個酶解物結合。酵素的形狀決定它的活動和形態，酵素只能與其有互補形式的酶解物結合，當酵素和酶解物結合後，促使酶解物內產生化學變化，此時，酶解物雖然產生變化，但酵素本身並未變化，因此又可繼續和另一個酶解物結合，使其再產生化學變化，如此相同的作用重複發生，以維持人體內各組織機能持續而有規律的運作，所以，我們幾乎可以認定生命的延續需仰賴酵素作用。

二、礦物質是活化酵素的基本元素

我們已經知道酵素的活化需要輔酵素，而輔酵素的生成更需要維生素和礦物質的存在，其中又以微量礦物質最爲重要。舉例來說，人體之所以容易受到酵母菌的感染，是因爲骨髓酶無法活動的緣故，而細胞內的骨髓酶，需依靠碘調節細胞內的免疫功能。骨髓酶需要碘來產生細胞內抗酵母菌的功能。同時硒不足時，細胞對酵母菌的免疫功能也會減弱。又例如白血球、淋巴球和吞噬細胞（Phagocytes）是三種主要調節細胞免疫功能的細胞，它們都需要硒來促使穀胱甘肽過氧化酶（Glutathione Peroxidase）與其產生作用，才能達到吞噬細菌和抵抗病毒的防禦功能。其他各種抗氧化劑包括銅、鋅、鎂、鍺、錳等缺乏時，會影響到超氧化物歧化酶（Superoxide Dismutase; SOD）和穀胱甘肽等輔酵素的功能。沒有適量的礦物質和維生素，這些輔酵素就無法進行活化酵素的功能。

植物可以將多種礦物質分解成離子化形式或有機形式，這就是供給我們身體所需礦物質的主要來源。但是，如果耕種的土壤本身缺乏礦物質，那麼，我們所吃的食物自然也隨之缺乏。近幾十年來，美國50%的土壤已逐漸遭受破壞而呈貧瘠的現象，而台灣的土壤更為貧乏汙染，適量礦物質的補充，可能值得醫學界和營養學界多加研究。

6 礦物質的營養保健科學觀

一、二十一世紀劃時代的微量元素的奇蹟

科學不斷地進步，人類的生活趨向多元化，因此對生活品質的追求，更加要求盡善盡美。然而，平均壽命提高的情況下，各種慢性疾病卻不斷地危害人體，以致病痛纏身，且罹患慢性病的年齡層也有逐漸下降的趨勢，其最主要的原因，應該歸究於飲水與飲食方法的不當。古有明鑑，「醫食同源」，如果飲食得當，營養得以均衡，不但身體健康長壽，心情愉快輕鬆，工作、事業也能順利發展。

現今社會對預防醫學的重視已有相當的認知，因此五花八門的「健康食品」層出不窮。雖然優良的健康食品確實可以彌補人體某些必需的營養素，但是卻不能涵蓋整體所需量的均衡。例如，啤酒酵母含豐富的維他命B群，但礦物質含量卻非常有限；蜂膠含有豐富的生物類黃酮（維他命P），但缺乏其他各類必需

營養素；小麥胚芽含有豐富的胺基酸，然其所含微量礦物質卻非常低；靈芝和人參富含鍺和三萜等多醣體，卻也無法提供均衡而全方位的營養素，尤其除了鍺之外的微量礦物質也少之又少。

事實上，礦物質才眞正是營養保健的主要功臣，「二十一世紀的保健科學」將由礦物質獨領風騷，獨占鰲頭，礦物質和生命的基源將更倍受世人矚目，礦物質無論在大自然界的生態中，或是對人體健康的維持，都具有極爲深切的影響力。

「自然醫學療法」逐漸受到重視，人類的飲食習慣與方法已成爲保健養生極重要的關鍵。我們平日除了要求食物美味可口之外，更要加強其中營養物質的吸收率，以及排除危害人體的物質，諸如殘留的農藥、化肥、抗生素、防腐劑與腐敗的細菌等。營養保健科學，強調「食療」及「營養均衡」的重要性，然而，人們每日僅注重六大類營養素的攝取，亦即蛋白質、碳水化合物、脂肪、維生素、纖維質及酵素，但是卻往往忽略礦物質的重要性。但是，近十年間，對於微量元素礦物質的研究和重視已逐漸增加。相信微量礦物質在二十一世紀將成爲健康養生的重要元素。

二、營養素以礦物質為首

相較於早在西元1936年美國第七十四次國會咨文，美國參議院第264號官方文件「礦物質元素的需要性」即指出，礦物質微量元素將操縱二十一世紀全人類的健康。美國加州理工學院兩屆諾貝爾獎得主鮑林博士（Dr. Linus Pauling）也曾指出：「所有疾病的根源都因爲缺乏礦物質微量元素。」西元1962年知名養生作家查理斯阿里森（Charles B. Ahlson）所著的《海洋、土壤與人類健康》（*Health From the Sea and Soil*）也指出：「海水礦物質含有和人體體液相似的各種礦物質微量元素。」西元1999年諾貝爾生理學或醫學獎得主布洛貝爾（Dr. Gunter Blobel）也指出：「沒有礦物質微量元素，維生素與酵素無法作用，細胞代謝將趨於異常，生命只有逐漸脆弱與幻滅。」美國營養學會會長考瑞爾博士指出：「因爲土壤中各種生物體必需的微量元素受到破壞，而影響到整個生物鏈的健康。」微量元素之父貝瑞斯（Dr. Béres）曾以「最後的忠告」（By right of the last world）告知「現代人只有補充人體嚴重缺乏的微量元素，才能達到眞正的營養均衡，否則營養不均，機能失衡，永遠無法健康，因爲『健康就是平衡』」。

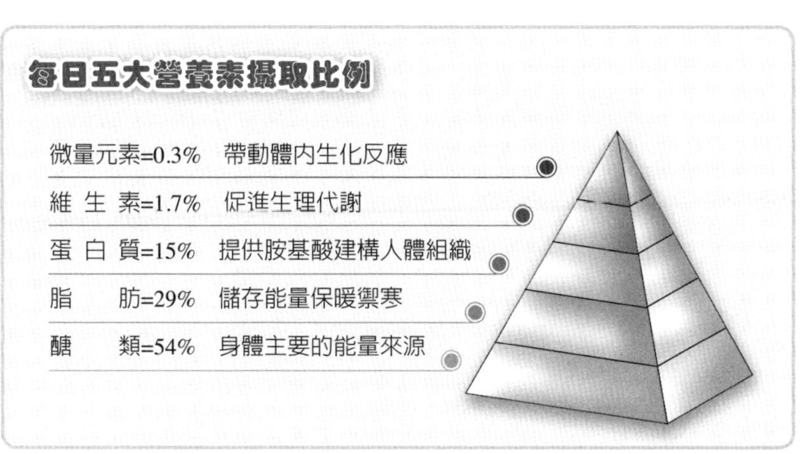

的確，二十一世紀伊始，礦物質的保健功效發光發熱。世界衛生組織也開始修正每日所需的養分需要量，而且將礦物質微量元素列爲首要、排名第一的營養元素。

第二篇

認識文明病的最後救星——礦物質

認識各種巨量與微量礦物質

各種與人體相關的礦物質種類非常多，並且是營養保健的主要功臣。

茲將科學界已經瞭解或有待更進一步研究的各種礦物質，其在營養保健的領域上所具備的功能與實用性分述如下。

一、鈣——強化骨骼、神經的礦物質

★鈣對人體的主要功能

巨量礦物質鈣（Calcium; Ca）是在西元1808年由英國化學家Humphry Davy發現，並且將它命名為Calx，意義為「石灰」。鈣在人體內含量比例居所有礦物質之首。成人體內鈣的含量約為700～1,400公克，多以無機鹽的形式存在於體內，其中99%存在於骨骼與牙齒中。鈣與磷結合成為鹽類，例如磷酸鈣$Ca_{10}(PO4)_6(OH)_2$，磷酸鈣能使骨骼強硬，牙齒堅實。鈣的主要功能為調節橫紋肌、心肌和神經的活絡性，並且能在生物體柔軟組織、血液及體液內，與其他礦物質配合，共同調節生理機能；鈣可調整毛細血管和細胞膜的滲透性，調節血鈣的含量，並幫助血液凝結；鈣並參與對某些酵素的作用。此外，對女性而言，鈣可增強排卵機能，與妊娠有密切的關係，同時還可以緩和精神壓力，減少生理期的不適。

★鈣缺乏或過量時對身體的影響

鈣質缺乏，會導致兒童骨骼及牙齒發育遲緩、成年人骨質疏鬆、肌肉手足抽搐痙攣、下背酸痛、血液不易凝固、心悸、指甲脆弱、失眠等，同時也容易引起心血管疾病、高血壓、動脈硬化、氣喘、關節炎的病痛。反之，鈣量在體內過多時，則會導致心跳緩慢、肌肉無力，並且容易引起組織鈣化和結石。

★每日所需鈣的劑量

成人所需要的鈣量，與年齡、性別以及平日的運動量有相當的關係。一般而言，平均每人每日所需量可從500～1,200毫克不等。許多醫師和營養師建議，停經期以前的婦女每天攝取至少1,000毫克，孕婦、停經後的婦女和年長的男性，每天應該攝取1,500毫克。攝取低量蛋白質的人，其每天鈣的需要量也較低。因爲通常高量蛋白質也含有高量磷酸鹽，影響鈣的吸收。

★鈣的天然來源

綠色蔬菜類，如芥菜、芥蘭菜、莧菜等；乳製品，如牛奶、優酪乳、乳酪、起士等；堅果類，如杏仁、核桃、南瓜子、小麥胚芽等；海產甲殼類，如蛤蜊、牡蠣、蝦類、魚類等；蛋、黃豆和豆製品以及糖蜜等，均含豐富的天然鈣質。

★鈣在人體內的代謝作用

鈣質的代謝作用對人體的生理現象，極爲重要。其中包括了維持血鈣的正常濃度，以及保持體內酸鹼的平衡，與鈣在人體內的代謝作用互有關聯性者包括：腸道對鈣的吸收量與排出量；骨骼內鈣質的適度儲存量；腎臟對鈣由尿液中排出量；副甲狀腺對鈣質恆定調節度。因此人體內的鈣質，不但要瞭解其吸收率，更要瞭解其排出的平衡率。

★有利鈣質吸收的因素

鈣質的吸收，大部分在小腸的前端，也就是在十二指腸的部位就被吸收了。有利於鈣質吸收的因素有：

1.人體對鈣質的需求量。平日我們從飲食中對鈣的吸收率約爲30%，但是正處於生長期的兒童、孕婦和授乳的母親，因爲對鈣質的需要量大，因此從日常飲食中對鈣的吸收率可增加至40%以上。但是平均個人對鈣吸收的差異性很大，可以從10%至40%。一般而言，鈣質的吸收量與身體的需要量成正比。

2.鈣的吸收率與胃酸的分泌有密切的關係，除了離子化的鈣之外，一般鈣鹽必須先溶解在酸性溶液中，因此胃酸的多寡就直接影響到鈣鹽的溶解度，同時當膽汁、胰液和食糜混和後，因爲鹼度增高，也能降低鈣鹽的溶解度，一般老年人因爲胃酸減少，因此對鈣的吸收率逐漸降低。

3.蛋白質的供應量與鈣的吸收率有正負兩面的影響，飲食中含有充分的蛋白質，同時能供應某幾種胺基酸，例如離胺酸（Lysine）、精胺酸（Arginine）及絲胺酸（Serine）等，有助於鈣質的吸收，因此一般食用高蛋白質飲食的人，其對鈣質的吸收率較食用低蛋白質飲食的人要高，但若食用過量的蛋白質，則會導致體內鈣質的流失。

4.腸道內嗜酸菌的多寡也是促進鈣吸收的原因，一般的嗜酸菌，例如乳酸菌，能維持腸道內適當的酸性環境，有助於鈣質的吸收。

5.維生素D能幫助鈣質通過小腸黏膜，並可促進小腸黏膜細胞分泌與鈣結合的蛋白質，加強對鈣質主動運送到細胞內的功能，因此有助於鈣質的吸收。

6.維生素C能使腸道維持適當的酸度，也有利於鈣質的吸收。

★妨礙鈣質吸收的因素

妨礙鈣質吸收的因素除了因為生理狀況，以及前述有關蛋白質、維生素C和維生素D不足之外，還有下列數種原因：

1.腸胃道蠕動過快，經常腹瀉的人，由於食糜經過腸道的速度過快，因此鈣質無法充分被吸收。

2.飲食中含過多的纖維質。因為纖維夾帶部分鈣質，不能為人體消化吸收，因此鈣質也隨著纖維質一起排出。

3.腸道偏鹼性，妨礙鈣鹽的溶解，因此鈣的吸收量減少。

4.飲食中草酸（Oxalic Acid）的含量過高。草酸是一種有機酸，多存在於菠菜、芥菜、甜菜、茶葉和可可粉中。草酸能與鈣結合成爲不能溶解的草酸鈣，無法爲人體所吸收。但只要在日常生活中不大量食用，對人體中的鈣量，不致影響太大。同時菠菜中所含的鈣，足以和其所含的草酸結合，而不致影響到其他食物所含的鈣質。

5.植酸（Phytic Acid）。植酸也是一種有機酸，多含於穀類的糠皮中，可與鈣結合成爲不能溶解的植酸鈣。但是如果平日鈣的來源充足，且穀類占日常飲食之比例正常的情況下，不致造成太大的妨礙。

6.體內過多的脂肪酸能在腸道中與鈣結合，形成難溶於水的鈣鹽，即俗稱的「鈣肥皀」。因此飲食中含過多的脂肪或是脂肪吸收不良，都會導致鈣的吸收量減少。

7.經常飲用蘇打汽水、鹼性飲料、糖果等食物，以致中和胃酸而阻礙了鈣的吸收。

★鈣與骨質疏鬆症

骨質疏鬆症是婦女更年期後最常發生的病症，患者雖以婦女居多，但是飲食不當的男性也常有骨質疏鬆的徵候。骨質疏鬆症主要是骨質中的鈣質流失，因此骨質密度降低，骨質變得疏鬆空洞，骨質脆弱易斷裂，容易造成骨折，身長萎縮變矮、駝背、神經受損及關節疼痛等。

骨骼主要的成分爲磷酸鈣。嬰兒出生時，體內的鈣量約爲28公克。從嬰兒期、少年期直到成年期，骨骼逐漸增長加硬，直到

20歲左右，此時成年人體內的鈣量約為700～1,400公克。人體中99%的鈣質都存在骨骼中，而負責調節體液鈣離子濃度的鈣，只占了1%的含量。鈣質的排出量與吸收量須保持平衡。鈣質的來源，全靠平日的飲食，而其吸收量約為30%左右。成人每日經由尿液排出約180毫克的鈣，經由汗液排出20毫克的鈣，如果夏季或運動後，出汗多者，尚不止此量，此外，約有130毫克的鈣來自消化液再經由糞便排出。因此除去未被吸收的鈣之外，人體平均每日消耗損失鈣的總量約為330毫克。如果人體每日不能充分彌補所流失的鈣質，以維持和調節生理機能，日後必定導致骨質疏鬆。

骨質疏鬆症的原因很多，但主要因素都在於人體對鈣質的吸收和排泄機能失調而引起的。如前所述，鈣質的吸收量與排出量須保持平衡，也就是鈣質的沉積與釋出的平衡。鈣質經吸收後，隨血液循環送到身體各部，當血液中鈣離子含量降低時，副甲狀腺便分泌出副甲狀腺素，刺激腸道黏膜，增加腸道對鈣質的吸收，並且促使腎小管重新吸收鈣質並排除磷酸鹽，以維持血液中鈣與磷的正常比例，如果人體吸收的鈣量不夠用時，副甲狀腺素則可促使骨端儲存的鈣質從骨骼中迅速釋出，以維持血鈣的正常濃度。

一般正常狀況，骨骼內鈣質的沉積作用與脫鈣作用彼此保持平衡。在生長發育期，加添進入骨骼中的鈣質超過從骨骼中輸出的鈣質時，則為正的平衡；反之，當飲食中供應的鈣質不足時，就得從骨端和骨幹中所含的鈣質釋出，此為負的平衡。若是人體長期處在負平衡狀態，要有40%的鈣質從骨骼中釋出，方能從X

光片查出骨質疏鬆的徵兆。而此時，骨骼已經脆弱，極易發生骨折。

骨質疏鬆症的預防，主要是以補充足夠的鈣質和防止鈣質的流失兩方面同時進行。除了平日補充適量的鈣質外（成人應在1,000～1,500毫克之間），尚須補充適量的維生素D，更年期婦女還應增加雌激素荷爾蒙。此外，適量的運動，有助於鈣質的吸收。避免飲酒、咖啡及濃茶，而長期服用類固醇藥物、抗凝血劑、含鋁的制酸劑、抗痙攣藥物、甲狀腺劑、緩瀉劑等的人，必須增加鈣的服用量。值得注意的是，根據研究結果顯示，凡是受到長期精神壓力或是過度煩惱的人，其血鈣往往表現出負平衡，即使飲食供應充足的鈣量也無濟於事，因此，保持樂觀平和的心境，也是預防骨質流失的重點之一。

二、鎂——強化酵素、精力的礦物質

★鎂對人體的主要功能

巨量礦物質鎂（Magnesium; Mg），於西元1775年由英國科學家Joseph Black所發現，由於產於希臘北部的Magnesia鎮，因此就依照地名命名。在成人體內的含量約爲21～35公克，有一半以上的鎂與鈣及磷結合成爲磷酸鎂、碳酸鎂和其他鎂鹽存在於骨骼中，其餘的則儲存在柔軟組織和體液中，例如存在於肌肉、心肌、肝、腎、腦、淋巴和血液等組織內，只有1%的鎂存在於血漿內，並多呈離子狀態，是細胞內重要的陽離子。在肌肉組織，鎂的含量多於鈣，然而在血液中所含的鈣則多於鎂。

鎂的主要功能除了是構成骨骼與牙齒的主要原料外，更可以說是生命的必要元素，最初的原始生物，其核心就因含有鎂元素，才能進行光合作用。

所有與能量ATP變成ADP相關的酵素，均需要鎂的參與。鎂離子也是輔酵素的成分，對核酸DNA的轉錄與RNA的複製和蛋白質的合成非常重要。鎂有助於皮質酮（Cortisone），能調節血磷濃度，並能調整細胞內的滲透壓和體內的酸鹼均衡和體溫。鎂離子與鉀、鈉、鈣離子共同調節神經的感應及肌肉的收縮。人體要吸收維生素A、B群、C、D、E和鈣質時，也需要鎂的協助。

★鎂缺乏或過量時對身體的影響

飲食中含鎂太少，或吸收不足、排出量增多、長期酗酒，或是長期服用利尿劑、抗生素藥物，皆可能導致血鎂濃度降低，其症狀與低血鈣相似，神經肌肉過敏性增高、手足顫抖抽搐、心跳加快、心律失常、血壓升高、精神錯亂及產生幻覺等。長期缺鎂，可能會損傷腎臟功能，或導致腎結石、心肌鈣化等現象。此外，缺乏鎂時，礦物質鉀也會從細胞液中流失，如果此時體內鈣質不足而磷又特別豐富，常會導致心臟病。

反之，如果體內鎂鹽過多時，會抑制中樞和周圍神經，出現肌肉無力、嗜睡、口渴等現象。但是在臨床上，則常用鎂製劑來作瀉劑、抗胃酸及降血壓等。

★每日所需鎂的劑量

在正常情況下，每日鎂的需要量，成年人大約需300～500毫克，兒童則需200～300毫克，成長中的青少年需要量稍多，約在350～550毫克之間，長期服用利尿劑或抗生素的人，或患有糖尿病、肌肉衰弱、抽筋、癲癇症的人則需加至每日600毫克，孕婦及乳母每天也需要600毫克的鎂。

★鎂的天然來源

五穀類、小麥胚芽、豆類、堅果類、海產、魚類、瘦肉、乳類、糖蜜、蝸牛、鹽鹵。

★鎂在人體內的代謝作用

鎂跟鈣一樣，在小腸前部和十二指腸處吸收，許多影響鈣吸收的因素，同樣也會影響鎂的吸收，例如，酸性溶液可以促進鎂的吸收；而草酸、植物酸，過多的脂肪，過多的磷酸鹽或鈣，都會妨礙鎂的吸收。副甲狀腺素可以促使小腸吸收的鎂量增加，而維生素D對鎂的吸收與排泄均無影響。

飲食中的鎂大約有45%被吸收，而所留下的55%未能被吸收的鎂，則由糞便排出體外。體內鎂的濃度受腎臟控制，血液中的鎂經腎小球過濾後，大部分被腎小管重新吸收。

鎂與鈣之間的協調關係非常密切，身體缺乏鎂時，鈣會隨尿液大量排出體外，因此它間接地與各種因缺乏鈣而引起的病症有相當的關聯性。

三、鈉——平衡血壓的礦物質

★鈉對人體的主要功能

巨量礦物質鈉（Sodium; Na）早在西元1807年由英國化學家Humphry Davy所發現。Sodium是依照拉丁語Soda而命名。正常成人體內含量約爲每公斤體重含1克的鈉，有50%的鈉存在細胞外液，40%的鈉存於骨骼內，所剩的10%則存在細胞內液。鈉是細胞外液中最主要的陽離子，它能調節體液的滲透壓和保持水分的平衡，維持神經和肌肉的傳導和感應，促進肌肉正常的收縮，並且維持體內的酸鹼平衡。

★鈉缺乏或過量時對身體的影響

人體缺乏鈉的原因很多，大量出汗、經常服用利尿劑、洗腎、腎上腺不足、嘔吐、腹瀉等，都會導致失鈉、失水。此外，啤酒含鈉量很低（20～50 mg/l），所以嗜飲大量啤酒而無正常飲食的人，也可能缺鈉缺鉀。體內鈉離子不足，則會出現食慾不振、疲乏無力，重者會出現肌肉抽搐、昏迷等症狀。反之，體內鈉鹽過高，則可能會發生水腫、血壓升高等異常現象。

★每日所需鈉的劑量

其實每人每日鈉的眞正需要量，並沒有絕對値，營養學家認爲成人每日需要1,000～4,000毫克的鈉，都在正常範圍之內。但據調查所知，平均每人每日由飲食攝入2,500～6,000毫克的鹽，且因各人對口味淡鹹的差異，因此鈉的攝取量亦有很大的差距。

出汗是造成鈉流失的主要原因，報導指出，由於運動、高溫或發燒而導致流汗過多，可能致使鈉自皮膚排出的量高達7,000毫克，因此流汗後需要補充大量的鈉。此外，腹瀉、嘔吐時也需要補充鈉。腎臟病患則需限制鈉量，平均每日限制在500毫克或更少些，只要沒有流汗，仍能維持鈉的平衡。其他如高血壓患者，醫生也建議每日盡量減少鈉鹽的攝取。

★鈉的天然來源

含鹽的調味品，例如食鹽（1公克含0.39公克的鈉）、醬油、味精、番茄醬、醃製的食物及燻製的食物（如鹹肉、火腿、臘腸、板鴨、燻魚、豆腐乳等）均含高量的鈉鹽。其餘如添加鹽的罐頭食品、添加鹽和發酵粉（Baking Powder）、蘇打（Baking Soda）及鹼粉製成的糕餅、蘇打餅乾等都含有鈉鹽。一般動物性的食物，如瘦肉、蛋、內臟、心、腦等也含多量的鈉。帶殼的海產類，如蝦、蟹、牡蠣等含鈉量尤高。植物性食物中的芹菜、菠菜、芥菜、胡蘿蔔含鈉量略高，但只要不加鹽冷凍處理，其鈉量並不算高，而其他大部分的蔬菜、水果、豆類、五穀類等，含鈉量甚低。

★鈉在人體內的代謝作用

鈉主要存於細胞外液，當其中鈉質的濃度變動時，對滲透壓及酸鹼平衡皆有嚴重的影響。當心臟或是腎功能衰竭時，鈉的排出量減少，結果鈉與水分保留在組織內，這種症狀就是水腫。當腎上腺長瘤，使腎上腺皮質激素分泌過多時，體內鈉的保留量便會增加，也會引起水腫。

四、鉀——心臟、神經的礦物質

★鉀對人體的主要功能

巨量礦物質鉀（Potassium; K）於西元1807年由英國化學家Humphry Davy所發現，依據希臘語Potash來命名，其意義為——海藻的灰。正常成人體內每公斤體重鉀的含量約爲2克，其中約97%的鉀存在於細胞組織內，其餘的存在於細胞外液。

鉀是構成細胞的主要成分，也是細胞內液中最重要的陽離子和鹼性元素，亦是維持細胞內滲透壓動態平衡的主要成分。

鉀是蛋白質合成作用所需的元素，並且能促進細胞內的酵素活動。細胞外液中少量的鉀離子，與鎂、鈉、鈣離子共同促進神經的感應、肌肉的收縮，並且維持心臟規律的跳動和血壓的正常。

鉀離子和鈉離子在神經傳導及肌肉收縮的過程中，其位置會互相取代，如果食用多量的鈉，而鉀的攝取量又不足時，很可能會導致高血壓和心臟病。根據哈佛大學知名病理學教授亞錫瑞歐（Dr. Alberto Ascherio, MD）發表的臨床報告指出，在四萬四千名自願者中發現，若食物中供給足夠的鉀，則其罹患中風的危險性可降低38%。

★鉀缺乏或過量時對身體的影響

長期服用腎上腺皮質素的病患、經常酗酒、長期服用利尿劑、手術後、灼傷、長期發燒、大量排汗、嚴重腹瀉等均可能導致體內鉀質缺乏，而引起噁心、嘔吐、倦怠、肌肉無力、胃腸有飽脹感與腹瀉、心律失常、煩渴等現象。

體內鉀量過高之腎臟病患者，會產生排鉀障礙，全身無力、心跳過緩、血壓先升高後降低、呼吸困難、意識不清或昏迷等現象，嚴重者，甚至會導致死亡。對於血鉀過高的病患，醫師常建議低鉀、低蛋白質和適量的醣類飲食，以促使肝醣的形成，使鉀離子由血漿進入細胞內。

★鉀在人體內的代謝作用

鉀離子很容易被腸道吸收，多餘的鉀主要經由腎臟從尿液中排出，只有一小部分隨糞便排出。沒有鉀，食物中的葡萄糖就不能代謝產生熱量和能量。

西元1992年諾貝爾生理學或醫學獎得主Dr. Edmond Fisher和Dr. Edwin Krebs指出，蛋白質的生成、細胞內訊息的傳導以及控制核酸DNA的表現，都需要鉀、鎂、錳的協調作用。在正常情況下，鉀離子在細胞內液最多，鈉離子在細胞外液最多，只有當蛋白質或肝醣分解時，或是身體有脫水現象時，鉀離子才會從細胞中釋放出來。

★每日所需鉀的劑量

鉀的需要量至今尚無一定的標準量，日常飲食中只要攝取到

2,000～4,000毫克，就已經足夠身體所需。因此，除非是特殊狀況，否則很少會發生鉀質缺乏的現象。

鉀的攝取量常隨熱量的增加而加多。

★鉀的天然來源

各種食物都含有鉀。魚類、肉類、內臟、家禽都含有豐富的鉀質；穀類、水果、蔬菜也含多量的鉀質，其中又以香蕉、馬鈴薯、地瓜、芹菜、番茄、胡蘿蔔、桔子、柚子中含量最高。但是大量的水和蔬菜中不含太多的氯，因此鉀的吸收率相對降低，例如香蕉中的鉀吸收率只達到40%左右，但一般食物成分表中，只會列出鉀在食物中的總量，而未標明其吸收率。這就是為什麼醫師們常開氯化鉀劑給病人的原因。

五、氯──調節酸鹼值、殺菌排毒的礦物質

★氯對人體的主要功能

巨量元素氯（Chlorine; Cl）於西元1774年由瑞典化學家C. W. Scheele根據希臘語Chloros而命名，其意義為黃綠色。氯離子與鈉離子相似，由氯化鈉的形式存在於體液中，主要是存在於細胞外液中，尤其是血漿和細胞液間。氯是細胞外液主要的陰離子，是胃液的重要成分，此外，腦脊髓液及腸胃道的消化液中皆含有高濃度的氯離子。

氯離子能調節體液的滲透壓，及水分的平衡，調節體液的酸鹼度，提供胃酸中的成分，活化酵素。氯離子可以殺死腸內的細

菌、協助肝臟排除體內毒素。

★氯缺乏或過量時對身體的影響

血氯過低，可能發生肌肉痙攣，缺氯可能導致毛髮脫落。失水病患補充過量的生理食鹽水，可導致血氯過高，發生高氯性酸中毒。

★氯在人體內的代謝作用

氯的吸收和排除，與鈉完全一樣，所以氯的排出量與鈉的排出量平行。體內的氯很容易被腸道吸收，過多的氯則多半經尿液排出，小部分的氯經由糞便、汗液配合鈉與鉀排出。

氯在血液中具有調節酸鹼平衡的重要作用，且有賴氯離子在組織細胞與毛細血管壁間協助氣體交換，才使得血液的酸鹼度保持不變。

氯離子與氫離子結合成鹽酸或稱爲氯化氫（HCl），是胃液中主要的消化液。

★每日所需氯的劑量

氯的需要量尚未確定。不過在正常情況下，每日由食鹽中所攝取的氯（約在2～8公克），已經遠超過人體的需要量了。

在一般情況下，只要氯的攝取量每日不超過15公克，對身體都不會產生不良的影響，但是氯會破壞維生素E及腸內的細菌，因此，飲水中氯的含量過高，或是經常在氯含量高的游泳池中浸泡的人，應該適量的補充維生素E和活益乳酸菌類。

★氯的天然來源

氯的主要來源是從食鹽中取得，凡是鹽分高的食物，含氯量一定也高。此外，未經煮沸、蒸發處理的水，也是氯的可能來源。

六、硫——維護皮膚、毛髮、殺菌解毒的礦物質

★硫對人體的主要功能

巨量礦物質硫（Sulfur或Sulphur; S）早於西元1777年由法國化學家A. L. Lavoisier發現，以拉丁語Sulfur（硫磺）爲名。硫也是人體必需的礦物質之一，以有機物及無機物兩種形式存在於體內。一般成年人體內含硫約175公克，分布於身體的細胞內。

硫是構成細胞質的主要成分，含硫的榖胱甘肽（Glutathione; GSH）能對抗自由基，具有抗氧化性，能保護細胞不受損傷。

硫更是維護毛髮、指甲生長的重要元素，其中含硫的角蛋白（Keratin）就是頭髮、指甲及皮膚的重要物質。其他含硫的有機化合物包括胰島素（Insulin）、輔酵素A（Coenzyme A）、肝磷脂（Heparin）、維生素B_1（Thiamine）、維生素H（生物素）（Biotin）等都是維持身體機能的重要成分。

硫與醣類結合成爲黏多醣類（Mucopolysaccharide），可以維持關節間韌帶的潤滑性，例如軟骨素硫酸（Chondroitin Sulfuric Acid）可以鞏固軟骨、肌腱和骨骼的基質。含硫的肝磷脂能促進血液凝固。硫還能維持腦部氧的平衡，促進腦部機能，並且促進

傷口癒合與增強對疾病的免疫功能。此外，含硫物質亦具有殺菌和強精壯陽的功效。

許多酵素需要有一個含硫醇基（－SH）來活化，因此硫參與多種體內的氧化還原反應。硫醇基（－SH）可形成一個高熱能的硫鍵（High-Energy Sulfur Bond），在醣類與脂肪釋出熱能的代謝作用中非常重要。

硫可清除細胞內的鋁、鉛、鎘、汞等重金屬，同時含硫胺基酸在細胞內代謝以後，產生硫酸，可與酚、甲苯酚等有毒物質結合，成爲無毒的化合物，然後由尿液排出體外，因此，硫還具有重要的解毒功能。

★硫缺乏或過量時對身體的影響

一般而言，只要蛋白質攝取充足，體內的硫並不會缺乏，但若在上述硫的功能中發現某種功能減低時，就必須增加硫的攝取量。

除了罕有的遺傳性胱胺酸結石症外，硫在體內並沒有過量的危機。

★硫在人體內的代謝作用

硫的主要來源爲食物中的含硫蛋白質。硫被腸道吸收後，由靜脈進入血液，隨之循環到身體各部位加以利用後，形成無機硫而經尿液排出體外。此外，有極少部分未被吸收的無機硫酸鹽類則由糞便排出。

一般而言，高蛋白質飲食者（飲食中含魚、肉、蛋類等），其自體內排出的硫要比低蛋白飲食者高出許多。

★每日所需硫的劑量

硫並沒有特定的需求量，平日飲食中只要攝取足夠的蛋白質，尤其是含有豐富的甲硫胺酸及胱胺酸，就能滿足身體所需的硫。

★硫的天然來源

瘦肉、牛奶、蛋、豆類、花生、大蒜、洋蔥都是硫的重要來源。

七、磷——強化骨骼和細胞、增強能量的礦物質

★磷對人體的主要功能

巨量礦物質磷（Phosphorus; P）早於西元1669年由德國科學家Hennig Brand所發現，並以希臘語 Phos（光）和Phoros（搬運者）合而爲名。

成人體內含磷量約爲400～800公克，約占體內礦物質總量的四分之一。

磷在體內與鈣結合成爲磷灰石，爲構成骨骼和牙齒的主要成分。磷亦是細胞膜的主要成分，是去氧核醣核酸（DNA）、核醣核酸（RNA）、三磷酸腺酶（ATP）、輔酵素、維生素B群等的組成成分。

磷脂能控制溶質滲透進出細胞，並能便利脂肪在體內的運

輸。磷酸化作用是人體內新陳代謝作用的重要步驟。例如，葡萄糖必須經過磷酸化作用才能被小腸黏膜吸收。有機磷化合物在人體內能促進醣類代謝作用，產生熱能。無機磷酸鹽在血液中是重要的緩衝劑，有助於維持體內酸鹼的平衡。

★磷缺乏或過量時對身體的影響

低血磷會影響骨骼的生長；血磷過低，身體會出現乏力、厭食、震顫、紅血球容易破裂、血小板功能障礙和出血等現象。

磷的含量過高則會導致慢性之腎功能不全，兒童牙齒發育不良等現象。過多的磷質淤積於血液中，以致血液中鈣的濃度偏低，因而造成手足抽搐。

★每日所需磷的劑量

成人每日磷質的需要量約爲500～1,000毫克，兒童及青少年需要量較大，平均每日約需800～1,200毫克。人體骨骼中鈣和磷的需求比例爲二比一，在肌肉中磷則占較高的比例。嬰兒時期對於磷的需要量低於鈣，乃欲防止因血鈣太低而引起手足抽搐。一週歲以後，與鈣相同。也就是雖然骨骼內鈣與磷的需要量之比爲二比一，但是鈣與磷在各種食物中的含量很相似，且以一比一的比例爲人體所吸收。

攝食過量的碳酸飲料以及速食麵類會導致體內吸收過量的磷。

★磷的天然來源

牛奶、蛋、瘦肉、內臟、穀類、酵母、南瓜子、向日葵種子、芝麻等。

★磷在人體內的代謝作用

食物中所含的磷多與有機物質混合在一起，在消化過程中，經過腸道中的磷酸酶將磷酸鹽析出，並呈無機鹽形態為身體所吸收。食物中的磷約有70%被吸收，其餘的30%則經由糞便排出。

凡是影響鈣吸收的因素，也同樣會影響磷的吸收，而過量的鈣、鋁或鐵都可與磷結合成為不能溶解的鹽類，且妨礙磷的吸收。

磷與鈣在新陳代謝的過程中關係密切，並且經由腎臟與副甲狀腺共同調節鈣與磷在人體內一定的比率。

八、鐵——製造紅血球、協助氧化還原的礦物質

★鐵對人體的主要功能

微量礦物質鐵（Iron; Fe）早在史前文化時就已發現了，並以希臘語 Ieros（強勁）命名。鐵是人體最常需要補充的微量礦物質。成年男子每公斤體重約含鐵50毫克，成年女子每公斤體重約含鐵35毫克。

人體的鐵大約有70%儲存於血液中，10%存在於肌肉中，其餘的則存於肝、骨髓和含鐵的酵素之中。

鐵以四種形式分布於身體各部位：

1.在循環的血漿中與β－球蛋白結合，形成肝轉鐵褐質

（Transferrin），此類化合物中的鐵可以在組織細胞需要時很快地被釋放出來。

2.鐵亦可以形成血紅素和肌紅蛋白，負責輸送氧至體內各細胞與組織中，以便進行食物的氧化代謝作用，並且負責運送代謝後產生的二氧化碳、氫離子及其他廢物排出體外；鐵也是神經傳導的必要元素，並且參與體內氧化與還原的代謝功能；鐵與維生素C共同參與膠原蛋白質的合成作用，使皮膚和毛髮有光澤和彈力。

3.鐵與各種酵素結合，形成含鐵酶，例如細胞色素氧化酶（Cytochrome Oxidase）、過氧化酶（Peroxidase）等。

4.鐵並可與蛋白質結合成爲鐵蛋白（Ferritin），儲存在肝、脾和骨髓內。

★鐵缺乏或過量時對身體的影響

鐵不足是世界上最常見的營養缺乏症。鐵的缺乏，除日常攝取量不足外，還包括鐵的吸收率降低和不正常的流失。

一旦鐵的吸收量比不上消耗量時，就會出現貧血現象。嬰幼兒、生理期間婦女、孕婦和老人，較易因缺鐵而產生紅血球缺鐵性貧血。

鐵質缺乏性貧血是最常見的貧血症，其血液中的紅血球數目與血紅素的數量減少，而且紅血球的形狀變小，顏色過淺，其可能發生的原因有：

1.日常飲食中鐵的攝取量不足，導致營養性貧血。

2.失血過多因而損失大量的鐵質，例如手術後、婦女經期過長等造成出血性貧血。

3.因胃切除導致胃酸過少而影響鐵的吸收。

4.維生素B_{12}缺乏，影響血紅素的生成，以及維生素A缺乏，使鐵的輸送功能失調，發生惡性貧血。

5.腸黏膜破損，妨礙鐵的吸收。

6.飲食中含抑制鐵質吸收的物質，例如磷酸鹽和植物酸鹽、制酸劑、茶葉丹寧酸、纖維質，以及阿斯匹靈等藥物都會抑制鐵的吸收，導致貧血。

貧血患者的症狀包括容易疲勞、記憶力減退、精神無法集中、易怒煩躁等。嚴重貧血者則可能會有昏倒的情況發生。

體內鐵質過多又無法有效地排出體外時，就可能造成鐵血黃素沉著症（Hemosiderosis）。其發生的原因多為飲食攝入過量的鐵（每日超過100毫克）或是紅血球被大量破壞，例如，瘧疾病患的紅血球被瘧疾原蟲破壞，瞬間釋出多量的鐵質至血液中，而造成血色沉著症，也就是所謂的鐵血黃素沉著症。

過量的鐵質沉積於肝細胞內，不但會造成肝硬化，並會加速動脈硬化的發生率。

★鐵在人體內的代謝作用

食物中的鐵平均只有10～30%被人體所吸收，而未被吸收的則由糞便中排出。食物中所含的鐵多為三價的鐵（Fe^{3+}），進入胃部後，被胃酸還原成為二價的鐵（Fe^{2+}），然後在小腸上端和十二指腸處被吸收，而在空腸及迴腸內因有胰液而呈鹼性，所以，鐵在此處的吸收量非常少。

有利於鐵質吸收的因素主要有：

1.身體的需要量。身體需要補充鐵時，鐵就由腸黏膜吸收；當體內含鐵量已呈飽和狀態時，則腸黏膜細胞便會抑制腸道再吸收鐵質。因此，身體需要量愈大則吸收量也愈多。
2.維生素C和鹽酸都能將三價鐵還原成二價鐵而便利吸收。
3.適量的鈣質可與磷酸或植物酸結合，形成不溶性的磷酸鈣或植物酸鈣，因而除去它們與鐵結合而妨礙鐵的吸收之可能性。

妨礙鐵質吸收的因素，多半在於體內含鐵量已達飽合狀態，因此腸黏膜會抑制鐵的吸收，或是如前所述，飲食中含草酸、磷酸、植物酸、丹寧酸、制酸劑或是太多纖維質也會影響鐵的吸收，此外，胃酸過少、腹瀉也會導致鐵質吸收不良。

血漿中鐵的來源除了來自食物外，尚有以鐵蛋白和血鐵質（hemosiderin）形態儲存在肝臟、脾臟及骨髓中的鐵質，其在必要時也會立刻釋出，運送到有需要的組織器官中。

然而，來自因紅血球破損後，由血紅素釋放出的鐵，才是體內鐵質的最重要來源。紅血球在血液中可存活一百至一百二十天，紅血球破損後所釋放出的鐵，約有90%能保存下來，可以一再利用，或被運送到骨髓當作再合成為血紅素的原料，或再儲存回到肝臟和脾臟內。由此可見，人體對鐵質的利用非常節省。

★每日所需鐵的劑量

鐵的需要量視年齡、性別和身體狀況而有所不同，每人每日鐵的需要量如下表。

★鐵的天然來源

動物的肝臟和腎臟、瘦肉、蛋黃、牡蠣、蚌類、魚子醬、南瓜子、核桃、腰果、豆類、葡萄乾、紅棗、加州梅（黑棗）、紅糖等均是鐵質的優質來源。

值得注意的是，各類食物中鐵爲人體所吸收的比率有極大的差異。健康的成人平均可從動物性食物中吸收10～30%的鐵，但是單從植物性食物中卻只能達到2～10%的吸收率，然而若在攝取鐵的同時也食用含維生素C的水果，則能增加鐵的吸收率。

每人每日鐵的需要量

生長期	每日需要量
成年男子與停經婦女	12毫克
婦女（18～50歲）	16毫克
少年男女（青春期）	男15毫克／女18毫克
兒童（1～10歲）	7～12毫克
嬰兒（初生～1歲）	6～7 毫克
孕婦（懷孕後半期）	18毫克
乳母	18毫克

＊以上係按10%鐵的吸收率所推算出之數據

★鐵與運動耐力

體內鐵質不足會影響其工作效率，其中包括激烈短時間的運動和持久性的長時間工作。

工作效率與體力和血紅素的濃度幾乎成正比。適量的補充鐵劑可以增加血紅素和鐵蛋白的含量，並可降低血液中因激烈運動後所產生的乳酸濃度。

美國生理學家在一項針對運動耐力的動物實驗發現，服用鐵劑後，動物的運動耐力增加三倍，但是血紅素的濃度並沒有明顯的改變。從這項實驗的結果得知，鐵可能對因運動而產生的代謝作用與某些酵素共同作用，並能增進運動的持續耐力。

一般運動員對鐵的需要量比較高，可能是因爲鐵從汗中排出以及鐵的吸收力降低的緣故。一般女性運動員常有缺鐵的現象，可能是因爲控制體重、不吃肉類的結果。因此，運動員應在飲食中同時服用維生素C，以增加鐵的吸收率。

九、硒——抗癌、抗氧化、抗衰老的礦物質

★硒對人體的主要功能

超微量礦物質硒（Selenium; Se）於西元1817年由瑞典化學家Jöns Jakob Berzelius所發現，並以希臘女神Selene命名。硒是酵素系統的輔助因子，與脂肪的代謝功能及細胞的氧化作用頗有關聯。硒在動物體內能防止肝臟組織被脂肪浸溶及壞死，並且能與維生素E互相加強治療肝病的功效。

硒在人體內與其他酵素相互輔助，是一種很好的抗氧化劑，因為硒是穀胱甘肽過氧化酶的組成成分，而此種酵素可聯合鐵、銅、錳、鋅等正價礦物質，使體內的自由基轉變成過氧化氫（H_2O_2），再使過氧化氫與穀胱甘酸作用而變成水，因此硒可以說是排除體內自由基的重要稀有礦物質，它具有抗氧化和抗衰老的功能。

美國科學家曾以白鼠做過實驗，當硒不足時，就算給予白鼠再多的蛋白質、脂肪等營養素，白鼠的成長還是非常緩慢，皮毛稀疏沒有光澤。但在白鼠的食物中加入硒後，白鼠的所有異常症狀都改善了，因此，只要攝取足夠的硒，就能保持體內細胞的活性化，並能延緩老化。

越來越多的科學驗證顯示，硒對於預防某些癌症和腫瘤占有重要的地位，多項的研究已提供出相當的證據：身體缺乏硒，會增加乳癌、大腸癌、肺癌和攝護腺癌的發生率。美國科學家針對「美國各州癌症的發生率與當地居民血液中含硒量」的調查結果中，明顯證實硒與癌症的關聯性。美國的俄亥俄州每十萬人中就有一百八十八人死於癌症，而當地居民血液中硒的濃度平均為0.157ppm，其含量值非常低；而在南達科他州的居民每十萬人中只有九十四人死於癌症，而當地居民血液中硒的濃度平均達0.256ppm。

經美國農業部調查發現，南達科他州的土壤，含有豐富的硒，當地居民可在飲食中攝取足夠的硒，因此使得當地居民罹患癌症的機率較其他州為低。

此外，在「硒與癌症白鼠」的實驗中，結果證實硒確實對某些癌症具有改善的功效。

美國著名《科學》（*Science*）雜誌曾發表報告指出，有機硒吸收太陽的紫外線，使人體免除紫外線的傷害。硒有制止體內有害金屬汞和鎘等的活動性，也就是說，硒能和有害金屬直接結合，而消除重金屬對人體的危害。

依據日本千葉大學藥學部的教授山根靖弘博士針對「汞中毒與硒的解毒功能」的研究報告指出，對老鼠餵食汞劑後，老鼠在第七天全部死亡，但在另一組中除餵食相同劑量的汞劑外，還另外施加硒，結果，此組的老鼠全部存活。

美國農務部營養局也曾做過類似的實驗，對染上汞中毒的老鼠注射硒後，其中毒現象明顯減輕。此外，在缺乏維生素E的老鼠食物中同時給予鉛和硒，也能預防鉛中毒。

雖然，鋅、鐵、銅等微量元素也能排除人體內重金屬鎘的汙染，但是硒的功效卻比它們高出50～100倍，因此硒具有將人體內

硒與癌症白鼠的實驗

白鼠群組	致癌物質餵食劑量	餵食硒劑量	癌症發生率
第一組	150ppm	2.5ppm	3%
第二組	150ppm	0.5ppm	10%
第三組	150ppm	0.1ppm	80%
第四組	150ppm	0	80%

＊以上係按10%鐵的吸收率所推算出之數據

結果顯示，未餵食硒與餵食2.5ppm硒的癌症病發率差距爲77%

有害的重金屬「無害化」的功效。

男性體內的硒大半集中於睪丸及連接前列腺的輸精管內，可使精子活躍。實驗證明，硒不足的老鼠精子，幾乎都失掉了其尾部、無法活動。硒具有增強精力和性機能的功效，協助性腺荷爾蒙的產生，增加受孕機率。同時因為硒具抗氧化功能，因此它和抗氧化維生素A、C、E聯合，可減緩風濕患者的關節疼痛，並能預防眼睛白內障的發生率。

★硒缺乏或過量時對身體的影響

缺乏硒除造成上述各種功能發生障礙、引發相關的病痛外，尚有引阿茲海默氏症（Alzheimer's Disease，又稱老人癡呆症）的可能。當人年老時，腦部之皮質部中硒的含量逐漸下降，例如阿茲海默氏症的病患，其體內硒含量就低於正常人。此外，缺乏硒，會產生一種由克沙奇病毒（Coxsackie Virus）引起的心臟病——凱旋病（Keshan Disease），此種疾病會引起心肌發炎而導致心臟衰竭，其主要原因可能是由於缺乏硒而導致免疫力降低所致。

★硒中毒（攝取過多）或硒缺乏症（攝取過少）

攝取過多的硒而中毒或是攝取過少的硒而引發缺乏症也常見於牲畜類。有些地區土壤含硒量甚高，因此該處牧養的牲畜攝入過量的硒，而產生鹼性病（Alkali Disease）的中毒現象，其症狀為貧血、瘦弱、肌肉僵直及跛足。人體含硒量過多，則可能引起齲齒或齒齦發炎。

★硒在人體內的代謝作用

硒被小腸吸收後，進入血液，與某些蛋白質結合，運送及儲存於身體各組織內。其中以肝、腎、心、脾、睪丸、攝護腺等含硒量最多。硒主要是經腎臟、由尿液排出體外。

★每日所需硒的劑量

美國有關抗癌的醫學報導指出，每日攝取二百微克的硒，可大幅降低直腸癌、結腸癌、乳癌、胃癌、膀胱癌、舌癌、食道癌及攝護腺癌的發生率。因此，如要達到抵制癌症的目的，成人每天硒的攝取量應在200～300微克之間，如能每日服用600毫克的維生素C，可以增加食物中硒的吸收率。

適量的硒與鉻、銅、鉀、鎂、鈣，可減輕心血管疾病，但是長期每日服用硒量超過700～1,000微克，可能因過量而有害身體。因此一般成人每日攝取硒量應該在60～250微克之間。

★硒的天然來源

奶油、雞肉、蛋黃、肝、海鮮、小麥胚芽、南瓜、大蒜、洋蔥。食物中含硒量，因當地土壤中含硒量的差異性過大，而無法正確計算。

★老人需補充硒

科學界已證明，老人每日服用400～600毫克的維生素E並加上200微克的硒，可以改善他們的精神狀態，其中包括動作、進取性、警覺性、情緒穩定性和自我照顧的能力。相反地，如果減少硒的攝取，則會造成焦慮不安、憂鬱、疲倦、厭食等症狀。因此對老人而言，硒的足量攝取除了有利於身體外，還有益於其精神狀態。

十、鋅——抗氧化、增強免疫力、增加性功能的礦物質

★鋅對人體的主要功能

微量礦物質鋅（Zinc; Zn）史前時代就有鋅，並以Zinken（叉子的尖端）爲名。成人體內含鋅量約爲1.5～3.0公克，主要存在於皮膚、肌肉和骨骼中，其次在視網膜、肝、胰、腎、肺、血漿、前列腺、睪丸、精子和頭髮中也含有鋅的成分。鋅是碳酸脫水酶（Carbonic Anhydrase）的構成元素，它有攜帶及運送二氧化碳的功能；鋅也是羧肽酶的輔助因子，以協助蛋白質水解；鋅也是乳酸去氫酶（Lactic Dehydrogenase）的一部分，有助於醣類代謝的功能。

鋅在胰臟中與胰島素結合，協助血中糖分的分解。科學研究早已證實，一般糖尿病人的胰島腺含鋅量只有正常人的一半。

鋅對於人類的生長發育、生殖功能、性腺分泌、男性精子的生成、膠原纖維的生成及傷口癒合等都有直接的功能。

此外，鋅在人體內可以協助增強免疫機能。在白血球內需要鋅與蛋白質結合在一起，雖然其功用尙不明瞭，但是據檢驗報告指出，白血病（Leukemia）患者的白血球內含鋅量較正常的人少10%。

鋅可以加強維生素A、鈣與磷的作用，鋅含量充足可以預防唐氏症及老人痴呆症的發生率。鋅也有強化中樞神經系統的功能，協助神經傳導作用。鋅離子能影響細胞膜對於鈉、鉀、鈣等離子通路的順暢性。鋅對中樞神經與腦部運作具有相當重要的地位，喪失味覺、視覺、嗅覺等往往都是缺乏鋅的早期症狀。

鋅可以削弱有害金屬的毒性，尤其是對鉛、鎘、汞等重金屬有相互抵制的作用。

★鋅缺乏或過量時對身體的影響

飲食習慣不佳、嗜酒、多汗以及肝硬化的人，可能因缺乏鋅而產生性功能減退、閉經、貧血、厭食、腹瀉、脫髮、皮膚炎、味覺和視力減退等現象。

鋅不足時對免疫系統有多重影響，特別對T⁻淋巴球的量會減少，白血球的數量及活力會減弱，對疾病的抗體生產量減少，因此容易受到病菌感染而生病。

人體內鋅不足的原因：

1.食物攝取不足、偏食或是減肥節食造成鋅的來源不足。

2.藥物干擾，這是造成鋅不足的最大原因，日常生活中有許多藥物都會使鋅不被吸收。

3.腸道吸收不良，如腹瀉或胰臟機能失調等，都會影響小腸對鋅的吸收率。

4.肝硬化或慢性肝炎的患者，對鋅的吸收功能減弱。

5.食物中的植物纖維過多，與鋅結合，成為不溶性無法吸收而排出。

6.缺乏維生素A和維生素C的飲食會影響鋅的吸收。

7.過多的植物酸與鋅離子結合而成爲不能被吸收的鹽類。

8.食品添加物例如磷酸鹽類、EDTA、CMC等能與鋅起螯合作用，使鋅無法被利用。

9.攝取大量的鈣，造成礦物質間的競爭吸收，因此影響鋅的吸收率。

10.外傷感染或手術後，造成血漿中的鋅量降低。

一般飲食，不會引起鋅過量，但是用鍍鋅容器可能引起高鋅症而產生腹痛、腹瀉和嘔吐現象，因此不要將果汁等酸性飲料放置在鍍鋅的容器中。

★鋅在人體內的代謝作用

鋅被小腸吸收後，與血漿蛋白質結合在一起，運送到身體各組織，多數集中於肝臟、胰臟、腎及腦下垂體，其次的鋅存於紅血球及骨骼中，剩餘的鋅離子則留存於血液循環中八至十二個月，以供隨時利用。

飲食中所含的鋅極少數被小腸吸收，多數未被吸收的鋅大部分經由糞便排出，少部分則經由尿液和汗液排出體外。

即使是適量範圍的酒精飲料，也會增加鋅從尿液中排出的機率，並損害肝臟中鋅與酵素的結合功能。

★每日所需鋅的劑量

鋅的需要量尚未建立確定性的標準，但是依據美國營養學者的研究報告顯示，一般採用西方飲食的人對鋅的攝取量普遍不足。依據美國生物醫學研究中指出，平均每人鋅的需要量大約在12～20毫克之間。

★鋅的天然來源

一般動物性蛋白質均含有鋅。尤以瘦肉、蛋黃、魚、牡蠣、鰻魚、花生、大豆、芝麻、韭菜、山芋、葵花子、小麥胚芽、酵母、楓糖漿等含鋅量較多。

★男女適用的助「性」礦物質

微量礦物質中，鋅在人體內的含量僅次於鐵。以量而言，一般成年人體內含鋅量大約在2～3公克，幾乎分布於身體各類組織中，其中以存在於男性前列腺中的含鋅量遠比其他器官爲高（約爲其他器官的十倍以上）。前列腺是位於膀胱下方的器官，能分泌精液並與睪丸所製造的精子會合，因此在精液中也含有高濃度的鋅。

實驗所知，動物的精子含鋅量高時，運動較活潑，也就是說，鋅可以活化精子的運動。而人體缺乏鋅時，精子的數量也會隨之減少，若在飲食中加入適量的鋅，精子的數量就會增加。

此外，鋅和性荷爾蒙也有相當的關聯，低鋅食物會導致動物生殖器官的發育不良，影響生殖能力，此因性荷爾蒙的分泌，乃由下視丘下達指令至腦下腺的腦下垂體，使其分泌生長激素並激發性腺分泌性荷爾蒙，而這些作用都需要鋅離子的參與。鋅不足，會導致男性產生睪丸萎縮、精蟲難以成型、男性性徵發育遲

成年男性身體組織中的含鋅量（毫克／克）（mg/g）

器官	含量（mg/g）	器官	含量（mg/g）
精液	0.130	胰臟	0 .029
前列腺	0.102	脾臟	0.021
腎臟	0.055	睪丸	0.017
肝臟	0.055	肺	0.015
肌肉	0.054	血球	0.014
心臟	0.033	腦	0.012
骨骼	0.030	血清	0.001

緩等；而女性則易發生月經不順、流產、先天性畸胎和分娩障礙等。因此，鋅可以說是男女都需要的助「性」礦物質。

十一、釩——抗壓力的礦物質

★釩對人體的主要功能

超微量礦物質釩（Vanadium; V）早在西元1801年就爲西班牙礦物學家A. M. del Rio所發現，但直到西元1830年又重新爲另一位瑞典化學家N. G. Sefstrom發現，而以希臘女神Vanadis正式命名。

針對釩的研究，自1973年至1998年的二十多年間，醫學界不斷推出新的實驗結果，並且證實釩對動物成長的必要性。釩的功能主要有：

1.釩能抑制磷酸水解酵素的活性，因此可以控制細胞分裂的週期。

2.適量的釩可以活化葡萄糖六磷酸鹽水解酵素，促進葡萄糖的代謝作用。

3.適量的釩可以加強血液中紅血球的攜氧功能，並能改善缺鐵性貧血。

4.當人體承受壓力時，釩能與碘同時協調甲狀腺代謝功能，以適應外在壓力。

5.老鼠的實驗顯示釩可能具抗癌功效，但尚無確切的證據。

6.釩在骨骼和牙齒的代謝方面也擔負重要任務。

★釩缺乏或過量時對身體的影響

在動物實驗中得知，缺乏釩會造成動物的生育力降低、流產率增高，而乳牛的乳汁分泌量會下降。

高量的釩可能引起中毒。西元1985年的研究報告中指出，白鼠長期服用過量的釩化物，會造成腎中出現過氧化脂；飲水中高量的釩會引起動物中毒而造成嚴重腹瀉和脫水。

★釩在人體內的代謝作用

釩經由腸道上端和十二指腸吸收，但其吸收率和保存率極低。

★每日所需釩的劑量

釩的每日需要量尚未訂出任何標準，但為避免釩量不足，每日乃需攝取100微克以上，由於攝取過量的釩具有一定的危險性，因此飲食中的釩量應該控制在250～350微克之內。

★釩的天然來源

大豆、花生、玉米、亞麻仁油、橄欖油、動物脂肪等。

十二、矽（硅）——強化骨骼、光澤毛髮的礦物質

★矽對人體的主要功能

微量礦物質矽亦可譯爲硅（Silicon; Si），於西元1824年由瑞典化學家J. J. Berzelius所發現，並以拉丁語 Silica（燧石）爲名。矽多半應用於製造玻璃和瓷器方面。近幾十年間則被大量製成矽膠，用於美容及隆乳手術。

矽是人體所必需的微量礦物質，矽主要存在於成骨細胞（Osteoblast）的線粒體（Mitochondrion）中，以協助進行細胞內的代謝和呼吸功能，對骨質的硬度和成形亦有極爲重要的功能。

矽存在於各類結締組織中，是細胞間黏液黏多醣類的主要成分。

人體內含矽最多的器官組織除骨骼外，毛髮、指甲和皮膚都含有矽。

矽酸能與鋁離子結合，減低鋁沉積在腦細胞的危險，預防老人痴呆症的發生。

★矽缺乏或過量時對身體的影響

缺乏矽會使結締組織和骨骼的代謝功能異常，因而影響骨骼的發育，致使骨質不夠堅硬、指甲容易斷裂，毛髮亦會失去光澤。

過量的矽，對身體亦會造成傷害，尤其是肺部吸入過量的矽酸會導致肺部矽化；尿液中含矽過多，容易產生尿結石。

★矽在人體內的代謝作用

矽主要由腸道吸收，極少部分的矽來自空氣塵埃，而由肺部吸入。

大部分的矽經由糞便排出體外，而小部分的矽則可經由尿液排出。

★每日所需矽的劑量

成年人每日所需的量尚未確定，一般建議矽的每日攝取量在10～30毫克之間。

★矽的天然來源

穀類、胚芽、燕麥、小麥、啤酒、深色蔬菜、帶皮的肉類等。

十三、鎳——具催化力、降血脂的礦物質

★鎳對人體的主要功能

微量礦物質鎳（Nickel; Ni）於西元1751年由瑞典礦物學家A. F. Cronstedt所發現，並且以「惡魔」之意的Nickel為名。成人體內含鎳量約為6～10毫克，主要存在腦和肝臟中。鎳的化學功能與鉻、鐵、鈷相似，是人體內酵素進行氫化作用時的催化劑，同時大量被用在速食餐飲和糕餅製作中。

鎳能活化胰島素，促進血糖的代謝作用，穩定核酸的RNA和DNA；並且可降低人體血液中的血脂肪和膽固醇含量。

鎳與細胞膜的代謝功能以及在對心臟、肝臟和生殖功能等方面也有密切關係。西元1970年間，科學家們曾先後以小雞、豬、老鼠等做實驗，發現缺乏鎳時，會造成動作普遍遲緩、生長緩慢、皮毛無光澤及營養不良的現象。

鎳能調節泌乳激素（Prolactin）的分泌，並能刺激女性乳腺的生長發育，以及分娩後製造乳汁。

★鎳缺乏或過量時對身體的影響

缺少鎳，會導致人體大量出汗、腸道吸收不良；缺鎳的人通常亦會缺鋅，進而引起貧血現象和生殖器官發育不良；醫學研究亦顯示，缺少鎳時，引發肝硬化、腦溢血、心肌梗塞的機率會增加。

體內鎳量過高，則可能引起皮膚病變，甚至呼吸道癌。

★鎳在人體內的代謝作用

鎳在人體腸道內被吸收，而未被吸收的部分多經由糞便排出。食物中的鎳，被吸收率很低，大約只有10～20%，有機形態的鎳在人體內只需半天至三天就會經由糞便排出體外。

★每日所需鎳的劑量

鎳的需要量尚未有確定數字，其需要量甚低，成人平均每日的建議量爲20微克。

★鎳的天然來源

奶油、燻製鯡魚、肉類、小麥胚芽、大豆、納豆、芝麻、海帶等。

十四、鍺——抗氧化、除汙染的礦物質

★鍺對人體的主要功能

微量礦物質鍺（Germanium; Ge）雖然早在西元1886年爲德國的科學家Clemens Winkler所發現，並且以德國的拉丁名Germania命名，但是直到近幾年才成爲當紅的保健食品，且被視爲天然的抗癌礦物質，其原因爲有機鍺可在動物或人體的細胞或組織中釋放出氧分子，因而提高生物細胞的供氧能力，使僅適應於低氧環境下的癌細胞無法繁衍甚至死亡。

無機鍺爲半導體的重要金屬元素，而有機鍺與氧結合後，和病變細胞組織代謝時所釋出的氫離子H^+結合，進行去氫反應，除去人體內細胞中多餘的正價氫離子和其他有害的物質；同時有機鍺可能在血液中與紅血球結合，成爲氧的替代物，協助氧的運送與儲存，爲良好的抗氧化劑。鍺可與重金屬鉛、汞、鎘結合，而後一起排出體外，爲良好的重金屬解毒劑。

★鍺缺乏或過量時對身體的影響

人體缺乏鍺會導致免疫機能及抵抗力下降。除長期服用無機鍺鹽（如二氧化鍺）可能中毒外，一般飲食所攝取的鍺量，並不

會造成中毒的危險。

★鍺在人體內的代謝作用

一般由食物中攝取的鍺多半為有機鍺形態，經小腸吸收後，在體內約一至三天內即由糞便和尿液排出體外。

★每日所需鍺的劑量

鍺的標準量尚未確定。據一般估計，每日可從飲食中攝取到0.40～3.40毫克的鍺，如果刻意食用高鍺食物，每天可能達到8毫克的鍺。有人因服用含有高量鍺劑而導致腎中毒。但鍺的攝取量必須高出平日所需量的100～2,000倍才會導致中毒。健康成人每天鍺的安全服用量大約在30毫克，因此在尚沒有確實科學證據下，不要服用過高的有機鍺當健康食品。

★鍺的天然來源

香菇、靈芝、松茸、韓國人參、西伯利亞人參（刺五加）、蘆薈、綠藻、絞股藍、昆布、蒲公英根等。

十五、銅——清除自由基、美化肌膚、抗衰老的礦物質

★銅對人體的主要功能

微量礦物質銅（Copper; Cu）早在史前時期就已發現，並且以出產銅量豐富的產地Kypros為名。在所有的組織細胞內都含有銅，其中以腦、肝、心、腎中含量最多。嬰兒肝臟內含銅量比成人高出6～10倍，但一歲後就逐漸降低至與成人的含量比例

相同。

人體內至少有二十多種蛋白質和酵素含有銅離子。銅離子是肌腱、骨骼、腎上腺荷爾蒙、神經系統等重要的輔助金屬離子。

銅的主要生理功能爲組成多種氧化酵素，例如，血漿銅藍蛋白、賴氨酸氧化酶等。其中銅離子能與超氧化物歧化酶（SOD）結合，去除人體細胞內的游離自由基，保護體內細胞與核酸的完整及維持正常功能，因此銅離子具有抗氧化、抗衰老與抗癌的功能。血漿中含有血漿銅蛋白，能促進鐵的利用與功能，銅離子並能促進膠原蛋白生長，有助於皮膚和毛髮的生長以及黑色素的形成。

銅又可與鐵結合形成多種酵素，對於人體內熱能的產生、脂肪的氧化作用、尿酸的代謝功能等都具有直接的關係。

★銅缺乏或過量時對身體的影響

銅攝取不足或先天性銅代謝缺陷，會引發缺銅症，導致貧血、生長停滯、毛髮失色症及白化症等。缺銅還會減少白血球的產量，影響免疫機能。

飲食中低銅高鋅，會引起膽固醇代謝障礙，使血液中膽固醇含量增高、心肌和動脈壞損及死亡率增高。

居住在土壤中含硒量少，而飲水中含銅量高的居民，其血清中含銅量較高，罹患動脈硬化的機率也會增加。

至目前爲止，雖尚未充分瞭解人類之心血管問題與銅和食物中果糖間的關係，但可確知的是，食物中的果糖會促使缺銅的現象增強，這些現象包括貧血、膽固醇增高、血糖耐量不當、胰臟萎縮以及心臟病等。在餵乳期食用果糖，母乳中銅的含量也會明顯降低。如果飲食中銅量低，而同時又食用果糖，即使是性質穩定的荷爾蒙，也會產生障礙，尤其是甲狀腺荷爾蒙、胰島素等都會降低。

過多的銅會抑制而非激發免疫功能。過多的銅積存在人體可能造成肝、腎、腦等器官的負擔，更可能會導致一種罕見的遺傳疾病——威爾森氏症（Wilson's Disease），引起腦組織及肝組織病變，導致肝炎、腎功能失調以及眼角膜病變等，但可用藥物與銅結合，使之排出體外。

★銅在人體內的代謝作用

銅離子可由胃及小腸前部吸收。平日由飲食中所得的銅其吸收率大約為30%，未被吸收的銅，則大部分由腸道排除，小部分經由尿液、汗液及月經排出。銅被吸收進入血液後，5%的銅離子與血漿中的白蛋白鬆鬆地結合起來成為血漿銅藍蛋白，而有95%的銅與一種球蛋白（α-globin）則緊密結合，成為銅蛋白質（Ceruloplasmin）。

體內的銅大約有四分之三儲存於肌肉及骨骼內，其餘的則多半存在肝、心、腎及中樞神經系統中。

★每日所需銅的劑量

年齡較大或酗酒的人可能需要較多的銅，一般成年人的安全許可量為2～3毫克，每日超過10～12毫克，容易造成威爾森氏症。嬰兒及兒童每日／公斤體重攝取0.05毫克的銅，便足夠其需要。

★銅的天然來源

食物中的含銅量因爲產地土壤含銅量的不同而有差異。動物內臟如肝、腎等，含有豐富的銅；此外，肉類、甲殼類、穀類、栗子、豆類、堅果類也都含有少量的銅；牛奶的含銅量極少。

十六、鉻——減肥、降血糖的礦物質

★鉻對人體的主要功能

微量礦物質鉻（Chromium; Cr）於西元1797年由法國的化學家Louis Nicolas Vauquelin發現，並以希臘語Chroma（顏色）爲名。鉻在成人體內的總含量約爲1.7～6.0毫克，主要存在於腦、肺、胰、腎、肌肉、骨骼等器官中。鉻從嬰兒時就存於體內，其含量爲成人時期的三倍，也就是說，隨著年齡的增長，人體組織內鉻的含量也逐漸降低。

同時，經檢驗發現，在人體組織中含鉻量高者，不易罹患糖尿病。因此研究者推論：人至中年後，其體內含鉻量減少可能增加糖尿病的發生率。由此可知，鉻是維持人體正常葡萄糖耐量所必需的元素，也是胰島素的輔助因子，可以使胰島素的效能增加。鉻不但可協助蛋白質的運送，而且可以防止高血壓的發生，缺少鉻可能是引起動脈硬化和糖尿病的原因之一。

鉻能促進糖及脂肪的代謝，因此，鉻能降低大部分成人糖尿病患對胰島素的需求量，並能改進葡萄糖的容忍耐性，且由於鉻可幫助脂肪代謝，因此對於降低體重（減肥）有不錯的效果。

許多證據顯示，人類食物中如有充分的鉻、硒、銅、鉀、鎂、鈣等礦物質，則能平衡血液中膽固醇和三酸甘油脂的含量，可降低罹患心血管病的危險性。

★鉻缺乏或過量時對身體的影響

缺乏鉻會造成動脈硬化，且可能影響血糖的代謝而增加罹患糖尿病的可能性。

一般因鉻過量中毒只有在工業上過分暴露在含鉻的化學製劑中，例如在製革、電鍍、染料加工、防腐劑生產等過程中不愼吸入過量的鉻。

★鉻在人體內的代謝作用

飲食中的鉻不太容易被人體吸收，大約只有1～5%的吸收率。平均每日飲食約可供給80～100微克的鉻，但其中只有2～5微克被吸收。

鉻被小腸吸收後進入血液，隨之儲存於組織細胞內，然後隨著葡萄糖的進入又再度進入血液循環中。

★每日所需鉻的劑量

鉻的每日需要量尙無一定標準，但經美國農業部與國家科學會指出其安全許可量爲每日50～300微克之間。

★鉻的天然來源

牛肉、雞肉、牡蠣、蛋、魚、水果、帶皮的馬鈴薯、啤酒酵母等，都含有微量的鉻。

十七、碘——甲狀腺、增強體力的礦物質

★碘對人體的主要功能

微量礦物質碘（Iodine; I）是於西元1811年由法國科學家Cortois發現；正常成人體內含碘量約爲20～50毫克，其大部分儲存於肌肉中，另有三分之一則儲存於甲狀腺內。甲狀腺組織內所含碘的濃度是其他組織的2,500倍，因此除甲狀腺之外，身體其他各部組織的含碘量極低。

碘是構成甲狀腺激素的主要成分，而甲狀腺素（Thyroxine）能刺激及調節體內細胞的氧化作用。人體的細胞中大約有一百種以上的酵素受到甲狀腺素的影響，因此碘能夠影響人體大部分的新陳代謝作用，其中包括：基礎代謝的速率、身體發育的快慢、神經及肌肉組織的功能、循環系統、呼吸系統及生殖系統等的運行、智能發展等。

碘的缺乏除了會引起甲狀腺腫大和發育障礙外，也會造成甲狀腺素分泌不足，使人產生倦怠感、循環系統及腸蠕動緩慢，此時如果飲食熱量未加以控制，則易導致肥胖症。高碘具有對抗甲狀腺素的作用，可防止因甲狀腺素分泌過多而導致甲狀腺機能亢進，或形成突眼性甲狀腺腫，而產生心跳加快、體重銳減、盜汗

及情緒急躁等現象。碘在免疫系統上也占有重要地位，因爲它能協助白血球發揮其功能，同時意外暴露於放射線時，可以保護甲狀腺。此外，碘尚有保持皮膚、頭髮和指甲健全的功用。

★碘缺乏或過量時對身體的影響

人體缺乏碘時最常出現下面兩種病症：

1.地方性甲狀腺腫（Endemic Goiter）或單純性甲狀腺腫（Simple Goiter）。最明顯的症狀就是甲狀腺腫大。主要原因爲地方性、普遍性的食物缺碘，因此無法產生正常量的甲狀腺素，逐漸造成甲狀腺肥大。

2.克汀症（Cretinism）。懷孕期的婦女缺乏碘時，無法製造足夠的甲狀腺素供給胎兒生長發育，以致嬰兒出生後甲狀腺發育不良，無法自行合成甲狀腺素，而導致罹患克汀症——其基礎代謝率低、肌肉無力、骨骼發育遲緩、智力遲鈍、身材矮小如侏儒。如果早期使用甲狀腺素治療，可以改善生長狀況，但對於中樞神經系統所受的損害，卻無法補救。因此懷孕期和哺乳期的婦女，碘的攝取量一定要充足。

碘服用過量，可能引起腹瀉、呼吸短淺、心神不寧、唾液增加，甚至胃抽搐、嘔吐等情形。

★碘在人體內的代謝作用

碘不易被人體消化吸收，未被吸收的碘多經腸道再由糞便排出。

一般市面上加碘的食鹽，因呈離子形態，不需經消化而可直接被吸收。

★每日所需碘的劑量

每日所需的劑量因個人差異而略有不同，平均個人需碘量如下表。

平均每日個人需碘量

生長期	每日需要量
成年男子	130～170微克
成年女子	100～135微克
青春期男孩	155微克
青春期女孩	135微克
嬰兒（初生至一歲）	25～55微克
孕婦	145～175微克
乳母	140～200微克

★碘的天然來源

海藻類含碘量極高，例如乾燥的紫菜和海帶含0.4～0.6%的碘，其他如海魚、海蝦類也含適量的碘。雖然某些食物例如乳類、蛋、洋蔥、葵花子中亦含少量的碘，但是因爲距海較遠的地區，其土壤中含碘量過少，因此生長的動植物其含碘量也少。

添加碘化鈉或碘化鉀的食鹽（使碘的含量占0.01%），是目前缺碘地區的居民最方便獲得碘的方法。

十八、錳——酵素、抗氧化、抗衰老的礦物質

★錳對人體的主要功能

微量礦物質錳（Manganese; Mn）於西元1774年由瑞典科學家J. G. Gahn、C. W. Scheele和T. Bergman所發現。在成人體內含量約爲15毫克，多半儲存在肝臟與腎臟中，極少量的錳存在於腦、胰臟、骨骼、視網膜及唾液中。

就營養觀點而言，人體對於錳的需求量雖然不高，但它卻是人體內不可或缺的觸化劑。

錳是多種酵素的組合成分之一，同時也是許多酵素的輔酶。錳離子可在必要時取代鎂離子參與能量的生化反應；錳能促進胺基酸間的互相轉換，活化肽酶，促進蛋白質在腸內進行水解作用；錳能活化血清中的磷酸脂解酶等以清除血液中的脂肪，並能促進長鏈脂肪酸的合成；錳在肝醣分解作用中，能活化多種反應，以完成葡萄糖的氧化作用。

此外，錳離子能與酵素SOD結合，除去人體細胞內的自由基，因此具有抗氧化及抗衰老的功能；錳並能活化一種精胺酸酶（Arginase），幫助形成尿素以預防體內產生過多氨氣而中毒。

★錳缺乏或過量時對身體的影響

錳能促進人體的正常發育和成長，缺少錳除了可能引起骨形不良、骨骼畸形等，也會引起睪丸萎縮症、性功能降低、精子不

足及不孕等現象。

嬰兒血液中含錳量過低可能提高嬰兒死亡率。許多前例都顯示出，過量的錳，會導致神經系統退化，形成某種類似帕金森氏症的疾病，此種疾病多發生於礦工身上，因長期處於含錳的塵埃環境中，造成吸入性錳中毒，致使過多的錳積存在肝臟及中樞神經系統，導致嚴重的肌肉和神經系統病變。

★錳在人體內的代謝作用

錳與鐵一樣不易被吸收，未被小腸吸收的錳則由糞便排出。已被吸收的錳乃是經由小腸進入血液中，與蛋白質結合輸送至各組織器官加以運用或儲存，此種經過代謝作用後的錳則進入膽汁，然後隨膽汁進入腸道而排出，所以人體內的錳幾乎全部經由糞便排出，只有極微量的錳經由尿液排出體外。

★每日所需錳的劑量

錳的每日需要量尚未確定，平均每日攝入2.5～5毫克已足夠人體所需。

★錳的天然來源

動物組織內含錳量極少，植物才是錳的主要來源。茶葉中錳的含量特別多，但應防飲茶過量反而影響鐵的吸收；其他如黃豆、豆製品、杏仁、栗子、花生、胡桃、海帶、酪梨、麥類等都是錳的來源。

★錳與犯罪行爲的關係

根據美國犯罪學者所作兇殺犯的研究發現，這些兇殺犯的頭髮中含錳量遠比非暴力性或無犯罪性的一般人要高出許多倍。如此看來，「錳」與「猛」兩字同音並非只是巧合，而確有「多錳＝兇猛」的牽連呢！而研究報告中也指出，攝取適量的鋰或鋅，可能會減輕因錳過量所導致的暴力傾向。

錳過量的成因可能源自鈣質不足，或是某些稀有礦物質如銅、鉛、鎘等過量所致。

十九、鈷——造血、強化醣和脂肪代謝的礦物質

★鈷對人體的主要功能

微量礦物質鈷（Cobalt; Co）於西元1735年爲瑞士化學家George Brandt發現，並以希臘語Kobaloa（山怪）爲名。同時西元1964年霍奇金博士（D. C. Hyodgkin）則因研究維生素B_{12}與鈷之間的生化結構而榮獲諾貝爾化學獎。

鈷在人體組織內的含量很低，主要儲存在肝臟中。鈷也是造血的過程中不可缺少的礦物質，因爲鈷是構成維生素B_{12}的成分，爲形成紅血球所必需的元素。胰腺中也含有大量的鈷，用來合成胰島素以及一些對醣、脂肪代謝作用過程中的酵素。

鈷的主要功能除了可合成維生素B_{12}、催化血紅細胞成熟、防止貧血、強化醣和脂肪的代謝功能之外，並能維繫脾、胃功能、解煙毒。

★鈷缺乏或過量時對身體的影響

鈷不足可能會引起缺乏維生素B_{12}的惡性貧血、糖尿病、胰臟炎、胃潰瘍等疾病。反之，若每日再大量服用鈷劑至20～30毫克時，則會產生紅血球增多症，導致甲狀腺與心臟肥大而引發充血性心臟病。

★鈷在人體內的代謝作用

鈷在人體內的吸收量差異性相當大，多餘的鈷則由尿液或經糞便排出，而其被吸收利用的形式多半都含在維生素B_{12}的成分內。動物腸道中的益菌也可以利用無機鈷合成維生素B_{12}。

★每日所需鈷的劑量

人類所需的正確量尚無確定數字，不過每日攝取0.05～0.1微克的鈷，就可使惡性貧血患者的骨髓維持造血功能。因此成人每日攝取3微克的鈷，爲一般常用的平均值。

★鈷的天然來源

瘦肉、肝臟、蛋黃、牡蠣、蛤類、無花果、萵苣、菠菜、甜菜葉。

二十、鋰——改善心理情緒的礦物質

★鋰對人體的主要功能

微量礦物質鋰（Lithium; Li）於西元1817年由瑞典化學家J. A.

Arfvedson所發現，並以希臘語Lithos（岩石）爲名。

鋰是最輕的金屬，性質非常活躍，因此不會以天然形態單獨存在。鋰均勻散布於地殼的土壤中，尤其大量存在於火山岩和石灰岩中。鋰易溶於礦泉、井水及海水中，一般硬水中約含9.8ppm的鋰，在海水中更高達11ppm。

鋰存在於腦細胞內，並且在松果體、腦下垂體、甲狀腺、胸腺、卵巢、睪丸以及胰臟內也含有微量的鋰。

鋰是鹼性金屬，與鉀、鈉、鋤、鐳屬同族。健康人的血液中每毫升含有0.6～2.8毫微克（Nanogram）的鋰。鋰能調節細胞核膜的呼吸作用，幫助葡萄糖進入細胞內，改善受孕機率等。

早在西元1949年科學家就發現碳酸鋰可以幫助躁鬱病患，目前碳酸鋰已成爲治療此病最常使用的藥物。直到西元1970年中期，科學家又發現鋰可以調節人體內鈉的不平衡，因此對於高血壓及心臟病的患者有很大的幫助。在臨床實驗中顯示，以氯化鋰取代氯化鈉，可以降低高血壓病患的血壓。而在一些流行病的調查顯示，人體中鋰的含量與牙病成反比，所以鋰很可能是防止牙病的另一種礦物質。此外，西元1970年對於鋰的早期研究還有更重要的發現，那就是鋰能緩和人類的精神狀態，減低自殺、謀殺及強暴率，也就是說低量的鋰對於人類的行爲有直接的助益。

★鋰缺乏或過量時對身體的影響

缺乏鋰可能會造成心理與精神失去平衡，缺鋰的相關疾病包括憂鬱症、狂躁、自殺傾向及虐待狂。

一般情狀下鋰並無過量之虞，醫師在治療躁鬱症病患時，經常施以每日100～1,800毫克的碳酸鋰。這大約是一般人攝取鋰的50～100倍。

★鋰在人體內的代謝作用

鋰主要經由腸道吸收，多餘的鋰大部分從尿液中排出，其餘則經由糞便排出。在排尿失調的病患中，往往會有體內含鋰量過高的現象。

★每日所需鋰的劑量

鋰的每日攝取量尚未確定，一般研究顯示成人應該每日攝取1～3毫克。根據心理學及犯罪學的研究指出，增加鋰的攝取量，可能減少個人及社區犯罪、自殺及藥物毒品濫用的比例，研究人員並建議，每人每日攝取2毫克的鋰就足以降低侵犯他人或自殺的行爲。

★鋰的天然來源

未經精製的海鹽、山泉水、番茄、洋芋、青椒、菸草。

二十一、硼——抗壓力、增進思考力、預防痴呆的礦物質

★硼對人體的主要功能

微量礦物質硼（Boron; B）是於西元1808年分別由法國化學家J. L. Gay-Lussac和L. J. Thenard以及英國化學家H. Davy所發現，

並且就以盛產硼砂的半島Bouraq爲名。硼對於人體營養的貢獻，直到1981年才受到重視。人體在受到壓力時就顯示出硼量短缺，這很可能是由於在對抗壓力時人體對硼的需要量會增加的緣故。

硼可以促進鈣、鎂、鉀、磷的吸收與代謝，因此硼對於促進骨骼的合成、預防骨質疏鬆症都具有相當的重要性。

停經後的婦女若飲食中含有充分的硼，則可以加強其骨骼中鈣和鎂的保存量，同時血清中的睪丸激素（Testosterone）和雌激素（17-beta-estradiol）的濃度也會提高。這種情形對低鎂鹽或缺乏維生素D的婦女更爲顯著。

科學研究證實硼可以促進腦細胞功能，可以增強思考力和記憶力，預防並改善老年痴呆症。

許多研究證明，攝取足夠的硼可以改善蛀牙的發生率。

以含硼化合物——四硼酸鈉（$Na_2B_4O_7 \cdot 10H_2O$）所做動物實驗中證實其對羊之關節炎有預防功能。

在一項人體隨意雙遮隱式醫療的實驗中，給予20位嚴重風濕病患服用6毫克的硼或替代品，其中，服用硼的10位病患中有5位病情獲得改善，但在服用替代品的10位病患中，只有一位得到改善，同時，此實驗也發現，缺乏硼的小雞，會罹患與人類相似的風濕疾病。

★硼缺乏或過量時對身體的影響

缺乏硼會降低血漿中游離的鈣、銅、降血鈣素（Calcitonin）而影響骨骼中鈣的保存量，因此可能提高骨質疏鬆症和蛀牙的發生率。

★硼在人體內的代謝作用

硼的吸收多在腸道上端和十二指腸內，未經吸收的硼多經由糞便排出。

★每日所需硼的劑量

一般西方人的飲食含硼量較低，平均每日消耗量爲0.1～0.5毫克。沙漠地區的居民因爲土壤含硼量較高，因此消耗量也較高。台灣地區的居民因爲喜歡在食物中加硼（例如魚丸、油條等），因此，攝取量較大。

硼的每日攝取量尚無確定標準，一般成人每日攝取1.5～4.0毫克應該足夠平日所需。依據人體臨床實驗結果顯示，每日服用低於10毫克的硼，不會產生中毒現象。

★硼的天然來源

魚丸、肉丸、貢丸、油條的製作均需添加硼，若適量添加，則爲良好的硼來源，值得注意的是經常有不肖業者過量添加，反而有害人體健康。其他如魚、瘦肉、豆類、深綠色蔬菜均含有硼。

硼含量依地區土壤礦物質含量而有不同差異。

二十二、氟——強化牙齒骨骼的礦物質

★氟對人體的主要功能

微量礦物質氟（Fluorine; F）於西元1886年由法國科學家H. Moissan所發現，並且以拉丁文Fluo（流動）命名。正常成人體內含氟量約為每公斤體重70毫克，主要存在於骨骼和牙齒中，是骨骼和牙齒的重要成分之一。

氟與牙齒的健康，有密切的關係，可使牙齒健康、琺瑯質堅固亮麗，對預防蛀牙極有效果。

除鈣和磷之外，氟也是「關鍵性微量元素」。研究顯示，氟能幫助鐵的吸收，並能促進傷口癒合。此外，亦有研究證實，居住在「氟化飲水」地區的老人，其罹患骨質疏鬆症的機率較低，原因在於更年期婦女或不常運動的人，其骨骼中含鈣的氟化鹽比較不易發生脫鈣作用而耗損。

★氟缺乏或過量時對身體的影響

缺乏氟容易發生齲齒。全世界有許多國家已在其飲用水中添加少量的氟，使飲水含氟量達到1ppm，以便預防蛀牙的產生。且根據調查顯示，從嬰兒期即開始飲用氟化水的兒童，其預防效果較年長後才開始飲用氟化水的效果為佳。

動物實驗顯示，動物缺乏氟，容易造成生長發育不良及不孕的現象。

然而，長期飲用含氟量超過8ppm的人，可能引發骨質硬化

（Osteosclerosis），嚴重時亦可能導致氟中毒（Fluorosis），其症狀類似關節炎。此外，攝取過量的氟也會造成牙齒產生「斑釉齒」，同時氟與鈣結合成氟化鈣而沉澱，可能造成結石症。

★氟在人體內的代謝作用

由食物中攝取的氟，約有50～80%為人體所吸收，吸收率頗高。

一般來自水中的氟化物會迅速地在胃腸中完全被吸收，其中，大部分的氟均儲存在骨、齒中，未被吸收的氟則多半經由尿液和汗水排出。

★每日所需氟的劑量

平均成人每日需要量約為1.5～4.0毫克。

★氟的天然來源

綠茶、蝦、蛋、沙丁魚、鱈魚、鮭魚、蘋果等。

氟化物在食物中的含量變化極大，主要因為當地土壤含氟量的多寡而有不同差異。

二十三、鉬──協助核酸代謝、健全紅血球的礦物質

★鉬對人體的主要功能

微量礦物質鉬（Molybdenum; Mo）於西元1778年由瑞典化學家K. W. Sheele所發現，以希臘文Molybdos命名，其意義為「鉛」，因為它是從鉛礦中發現的。鉬在成人體內，含量極微，

大約只有9毫克，是黃嘌呤氧化酶（Xanthine Oxidase）及肝醛氧化酶（Liver Aldehyde Oxidase）的組成成分。鉬存在於肝、骨和腎等器官組織中。

缺鉬地區的人，癌症發病率較高。

鉬可以協助核酸的代謝作用產生尿酸，以清除體內過多的嘌呤衍生物，也就是在嘌呤新陳代謝過程中，黃嘌呤氧化酶觸化黃嘌呤（Xanthine）的氧化作用產生尿酸。

鉬是多種酵素的輔因子，因而也參與脂肪和醣類的代謝作用，並且能活化鐵質，使血紅球生長健全，預防貧血。鉬同時也參與人體內硫的代謝作用，促進細胞功能正常化。

★鉬缺乏或過量時對身體的影響

缺乏鉬可能造成心跳加快、呼吸急促、精神異常、躁動不安、智力受阻及貧血等現象。

每日大量服用超過10毫克的鉬，可能會導致痛風。

★鉬在人體內的代謝作用

鉬多經腸道吸收，未被吸收的鉬則大部分經糞便排出，小部分經尿液排出。鉬通常以三價、五價和六價根存在並參與氧化還原反應。

★每日所需鉬的劑量

鉬的劑量至今尚未確定，成人每日安全劑量應在100～500微克之間。

★鉬的天然來源

大豆和花生含鉬較多，全穀類、深綠色葉菜、豌豆、肉類及動物內臟中也含有鉬，但是含量差異視當地土壤礦物質的多寡而定。

8 認識尚待研究證實的超微量礦物質

一、揭開超微量礦物質的重要性

礦物質、稀有礦物質和超微量礦物質對人體的重要性，在近幾十年中才逐漸受到重視及深入研究，因此，許多稀有礦物質和超微量礦物質對人體的功能及特性尚在研究階段，且尚未能訂出任何標準用量。但是依據前篇所述，生命的起始點來自海洋，而海水中包括近七、八十種礦物質，其中相互間抑制和加乘的作用，對於進化後的生物和人類必定有特殊的功能。

二、認識超微量礦物質

僅就有限資料，在此將目前對超微量稀有礦物質的研究概述如下，提供讀者參考。

★鋁——輔助胺基酸組合的礦物質

鋁（Aluminum; Al）於西元1827年由德國科學家F. Wohler以拉丁語Alumen（明礬）爲名。成人體內含鋁量約爲50～150毫克，鋁於人體內某些胺基移轉酶與胺基酸的組合功能具有輔助的功效。

平均成人每日可從飲食中攝取10～100毫克或更多的鋁。根據行政院衛生署的調查報告中曾指出，鋁罐裝及鋁箔裝飲料中的檸檬茶、奶茶的含鋁量過高，容易引起腦部神經病變。

★錫——平衡肌肉伸張、有益生長發育的礦物質

史前時期就有錫（Tin; Sn），少量的錫可活化酵素、促進核酸與蛋白質的合成，有益生長和發育，也可以平衡肌肉的伸張，促進毛髮生長。

錫可被人體吸收的量很小，未被吸收的部分多由糞便排出。

錫的運送主要經由淋巴系統，並多儲存於胸腺、脾臟和骨髓中，而當胸腺功能受損時，可能引起淋巴腺癌，因此含錫的某些化合物可能具有抗淋巴腺癌的功能。

除了飲食之外，人體可能因使用含氟化亞錫（Stannous Fluoride）的牙膏或是某些含錫的肥皂和香水而吸入過量的錫。

★鍶——強化骨齒的礦物質

鍶（Strontium; Sr）的發現始於西元1790年，由蘇格蘭化學家A. Crawford首先發現，後來又於西元1808年由英國化學家H. Davy以電解法析出，並以其產地Strontian命名。

鍶和鈣都是組成骨骼的重要元素。研究人類演化的學者專家發現，史前人類的頭骨、骨骼、牙齒遠比現代人堅硬，而其鍶的含量也比現代人類高出很多。鍶可強化並堅固骨質，但現代人類的飲食中含鍶量極少，因此現代人類的骨齒也較脆弱。

鍶鹽可用以減低自發性免疫機能失調所造成的發炎現象，並且可以降低骨骼方面的病痛。

此外，引用「放射同位素鍶89」治療攝護腺癌也相當成功。

★鈹——防止牙垢生成的礦物質

鈹（Beryllium; Be）是最輕的鹼性金屬。鈹的特性是穩定、質輕和熔點高，在冶金時特別有利。

鈹於西元1798年由法國化學家L. N. Vauquelin所發現。據估計，人體從飲食中每日約可攝取100微克的鈹，而環境汙染所產生的鈹亦是攝取來源之一，如香菸及燒煤的發電廠。

鈹是超微量礦物質，若身體含量過多可能中毒，但是目前尚無確切的研究報告可印證。

人體牙齒的琺瑯質中約含有0.09～1.36ppm的鈹，也有人含鈹量甚至高達15.9ppm。少數實驗顯示，攝取0.01～2.00ppm的鈹可以減少牙齒方面的毛病，同時使用含有1ppm鈹的氯化鈹可以防止齒間牙垢的鈣化，但這些資料仍嫌不足，有待更進一步的研究證實。

此外，因爲鈹分子非常輕小，比其他元素容易穿入腦部的血液和骨髓中，所以，科學家正積極研究以鈹治療腦瘤和骨癌的方法及可行性。

★銀——消炎、抗菌的礦物質

銀（Silver; Ag）的保健功能早在幾千年前就已經被肯定。以其希臘文argyros命名，其意爲「閃閃發光」。在歐美國家尙未發明冰箱前，婦女們已懂得將一塊純銀的銀幣投入牛奶中防止牛奶變味；古希臘人也知道以純金器皿盛裝食物會降低疾病的傳染機率，因此，中古時期的皇宮貴族盛行以銀器烹煮、盛裝食物和飲料。雖然他們的皮膚因經久累聚銀而呈現出淡藍色的小點（當時貴族自稱擁有與衆不同的藍色血液），但他們卻很少受到流行性疾病的感染。

在十八世紀至十九世紀這段時間裡，使用膠黏性銀（Colloidal Silver）是美國人抵抗傳染病最盛行的方法。直至抗生素等藥物發明後，銀的抗菌功能才逐漸爲現代人所遺忘。直到近幾年來，抗生素濫用造成許多抗藥性突變病菌無法控制，膠黏性銀因而重出江湖，展現其「天然抗菌」的優勢與實力，有「天然抗生素」之稱。

細胞組織中的銀含量至少需維持在5ppm，方可達到殺菌的效果，一旦停止飲用膠黏性銀後，銀就會在一至三星期內由尿液、淋巴系統和糞便排出體外。

膠黏性銀對於包括人類的所有哺乳類、兩棲類、植物、海藻等生物體都不會產生中毒現象，唯獨對單細胞生物，如細菌、病菌等會產生殺傷力，因爲膠黏性銀對於生物體而言只是一種催化劑（Catalyst），它僅僅只能加速生化作用，而未參與任何的生化反應；當細菌、黴菌或病毒接觸到膠體性銀後，它們的氧化——代謝酶立刻失去效用，大約在六分鐘內就會死亡，然後被生物體的淋巴系統給清除至體外。因此，對人體而言，膠黏性銀「滅菌卻無害」的特性既可信又安全。

銀特有的消炎抗菌功效與金、銅很相似。外用的碘化銀液用來治療黏膜發炎，硝酸銀溶液的眼藥滴劑用來防止和治療眼睛發炎。銀與蛋白質的結合物則是人體許多部位的消炎、殺菌劑。

銀離子是天然的抗生素，同時也不會導致病菌突變而產生抗藥性。

★鈦——柔軟組織的礦物質

鈦（Titanium; Ti）是由英國化學愛好者W. Gregor於1791年在礦物中首次發現，之後於1795年由德國化學家M. H. Klaproth發現並進一步研究後，以希臘語的「巨神」（Titan）命名。

四氯化鈦（Titanium Tetrachloride）能在潮濕的空氣中形成煙霧狀，因此常被用作飛機在空中寫字或繪圖的原料。

太陽和月亮都含有鈦，地球的地殼及土壤中均有鈦的存在；植物體內含鈦量極低，僅微量存在於人體柔軟組織內；人體肺部也含有少量的鈦，其直接來源可能是——空氣。

★鈧——協調代謝作用的礦物質

鈧（Scandium; Sc）於西元1879年由瑞典化學教授L. F. Nilson所發現，以出產地Scandia爲名。鈧能維持生物酵素的催化功能，並能調節人體新陳代謝的機能，雖是超微量礦物質，卻是人體不可或缺的元素。

★鑭——抗衰老的礦物質

鑭（Lanthanum; La）於西元1839年爲瑞典化學家C. G. Mosander發現，在人體生化反應上與鈣類同，主要存在骨骼、骨髓、結締組織和膠原蛋白內，鑭能促進加強細胞生長週期，延長生命及抗衰老。

★鈰——抗失眠、抗衰老的礦物質

鈰（Cerium; Ce）也是鑭系元素的超微量礦物質，於西元1803年被瑞典化學家J. J. Berzelius、W. Hisinger和德國化學家M. H. Klaproth共同發現。十九世紀人們就已經知道使用鈰鹽可以治療失眠和精神方面的疾病。

鈰具有殺菌性，也常被用於燒傷感染等皮膚病的化學藥物中。

少量的鈰儲存於骨骼、骨髓和膠原蛋白中，並具有抗衰老的功能。

★鎵——腦細胞的礦物質

鎵（Gallium; Ga）於西元1875年由法國化學家Paul Emile Lecoq de Boisbaudran所發現，並以其祖國法國的古名Gallia爲名。鎵的化學特性與鋁相似，且具有半導體的功能，多存在於腦細胞和骨胳中，可調節腦細胞的生化反應，維持腦部的正常功能。

鎵還具有抗腫瘤的功能，但仍需更多的實驗加以證實。

西元1997年德國《醫學月刊》曾發表有關鎵的研究報告，指出鎵能降低自體免疫功能失調之紅斑性狼瘡的病發率。

★鉺——預防心血管疾病的礦物質

鉺（Erbium; Er）於西元1842～1843年由瑞典化學家C. G. Mosander所發現，在他發現鉺的同時，又先後在西元1860年發現其他鑭系元素，包括鈥（Holmium; Ho）、銩（Thulium; Tm）、鐿（Ytterbium; Yb）和鈧（Scandium; Sc）。這些元素除了鈧之外，加上其他十一種元素——鑭（Lanthanum; La）、鈰（Cerium; Ce）、鐠（Praseodymium; Pr）、釹（Neodymium; Nd）、鉅（Promethium; Pm）、釤（Samarium; Sm）、銪（Europium; Eu）、釓（Gadolinium; Gd）、鋱（Terbium; Tb）、鏑（Dysprosium; Dy）、鎦（Lutetium; Lu），這十五個鑭系元素它們的物理和化學性質非常相似。在生化方面它們與鈣元素頗類同，主要存在人體的骨骼、骨髓、膠原蛋白和結締組織中。有許多科學家認爲微量的鑭系元素可預防中風、血管阻塞和心肌梗塞、血管硬化等慢性病。

★金——增強大腦敏銳度、抗疼痛的礦物質

金（Gold; Au）與銀、銅是最佳傳熱和導電的金屬。人體內含有超微量的金離子，可使人體內熱能與電能的傳導更均勻。十九世紀至二十世紀初期，醫生們使用金來醫治梅毒、淋病和因免疫功能失調所引起的關節炎、紅斑性狼瘡等病症。

在同類療法中金更被經常用在治療心臟病、肝病、骨痛、頭痛和睪丸炎等處方中。尚有研究發現微量的金可增強大腦的敏銳度。

目前日本流行飲用的「純金超微粒子水」聲稱可以克服現代許多慢性疾病，主要就是運用金的導電及安定痛症的特性。

★銻——具抗菌性的礦物質

銻（Antimony; Sb）爲半金屬性超微量礦物質。雖然被認爲具有毒性，但在古埃及時期卻經常以它作爲預防眼睛發炎的配方。銻可抗黴菌，曾被用來醫治肺炎。目前對銻的研究尚在實驗階段，並無確切的論證。

★鉍——對消化道有益的礦物質

鉍（Bismuth; Bi）於西元1753年由法國化學家C. Geoffroy博士正式命名，成爲單一超微量礦物質。

早期在英美各國，就經常以鉍的化合物醫治痢疾、霍亂、腹瀉以及腸胃炎。鉍的化合劑並爲醫治傷口的外用藥。

最近醫學界發現以極微量的鉍可以治癒消化性胃炎或十二指腸潰瘍。

目前美國超市或健康食品店中非常暢銷的腸胃消化制酸劑——Pepto-Bismo，其中就含有鉍。

★鎘——存在於腎臟內的礦物質

鎘（Cadmium; Cd）的特性與鋅類似，雖然早在西元1817年由德國科學家F. Stromeyer發現，但直到西元1960年才被確認其在動物界的地位。鎘的命名來自於希臘語Kadmeia，爲「土」的意思。生化科學家們先後從馬的腎臟皮質部和人類的腎臟皮質部分離出多量的鎘。

在若干有機體中，鎘可以取代鋅，其中包括某些需要鋅的酵素在內。由腎臟皮質部組成的含鎘蛋白質嚴格地控制鎘的代謝作用，以保護人體不致鎘中毒。

西元1984年生化科學家曾發現鎘可以刺激人體生長速度，但尚未獲得更多足以確證的研究報告。

★鏑——激發松果體的礦物質

鏑（Dysprosium; Dy）亦屬鑭系元素，於西元1886年由法國化學家P. E. Lecoq de Boisbaudran所發現。鏑屬超微量礦物質，雖然在人體內的總含量非常少，但人體主要的各類腺體包括松果體、腦下垂體、胸腺和甲狀腺均需依靠微量的鏑以進行正常的運作。而松果體有如生命的時鐘，可協調其他腺體的分泌功能，因此，鏑對抗老也有一定的重要地位。此外，在骨骼中也發現微量的鏑，有可能協助骨骼的發育。

★銪——協助凝血作用的礦物質

銪（Europium; Eu）亦屬鑭系元素，於西元1896～1901年由法國化學家E. A. Demarcay發現。動物實驗發現，微量的銪可以使生命延長一倍以上。銪在血液凝結作用上也具有輔助功能，並可預防血友病。

★鉛——平衡酸鹼度、穩定重金屬汙染的礦物質

鉛（Lead; Pb）是人類最早知道的金屬之一，人們早在埃

及、雅典和古羅馬時期就開始使用鉛。目前已知有二十五種鉛的同位素大多存在於自然界，但是爲量甚少。

以鉛作爲醫療處方且單獨服用，因會引起中毒現象，因此，在「自然療法」中，經常連同其他多種微量礦物質一起使用，而且用量極微。

從骨骼灰燼中發現，鉛爲骨骼中所含微量礦物質中含量之首位，這表示鉛對於人體健康有其必要的地位，尤其在骨骼的形成和成長方面，有其重要價值。

鉛雖對人體具有毒性，但是極微量的鉛卻可以穩定其他具有毒性的微量礦物質，降低甚至抵消其毒性。

鉛可以維持人體的酸鹼平衡，使血清和體液不至於過酸或過鹼。近幾年來，生化學家發現鉛能激發某些新陳代謝的作用。

在自然醫學的「同類療法」領域中，常以超微量的鉛作爲醫治動脈硬化、帕金森氏症和老人痴呆症。此外，將鉛外用於傷口，如燒傷、皮膚炎、疣、牛皮癬等也有顯著的成效。

★鈀——減輕婦女病的礦物質

鈀（Palladium; Pd）是由英國的醫學博士W. H. Wollaston於西元1803年發現，並以希臘神話中的Pallas女神來命名。

鈀對氫有強大的吸附力，因此常被用作爲氫的淨化元素。鈀在自然界常與鉑、鎳在一起，它可以取代鉑的作用。

西元1997年科學家們曾嘗試將鈀用在癌症治療方面，但尚待更多的研究實驗加以印證。而「同類療法」中，鈀則廣泛應用於醫治婦女病。

★鉑——減輕婦女經痛的礦物質

鉑（Platinum; Pt）乃超微量礦物質，於耶穌誕生前的幾世紀就已經廣爲人類所應用，但直到西元1735～1736年才由西班牙科學家A. de Ulloa正式命名，從此，英美各國的生化學家開始進行有關鉑的各項研究。

鉑和鈀的化學殊性類同，均可吸附大量的氫離子。

西元1996年美國科學界曾發表有關以鉑抗癌的研究報告，但尚待更多的實驗和進一步的研究加以印證。

四氯化鉑曾經被用於治療梅毒和淋病。「同類療法」中則常以鉑治療婦女經量過多或過少、陰部騷癢、子宮疼痛、陰道痙攣和神經痛等。

★鉫——安定神經的礦物質

鉫（Rubidium; Rb）於西元1861年由R. W. Bunsen和G. R. Kirchoff兩位科學家共同發現，並以拉丁語Rubidus（紅色）爲名。雖然鉫在地殼土壤中的含量較鉻、銅、鋰、鎳和鋅爲多，且較海水中的鋰多一倍，但是鉫只開始在西元1960年之後才被分離出來，因爲鉫在自然界多與其他元素結合共存，而非單獨存在，鉫在海水或溫泉中常與鋰共存。

鉫鹽曾經被廣泛應用於治療歇斯底里症（Hysteria）和神經過敏症。鉫在週期表中緊接於鉀的下方，在必要時，它可以取代鉀離子的電解功能。

★碲——殺菌、防癌的礦物質

碲（Tellurium; Te）爲半非金屬元素，於西元1782年由德國化學家F. J. Müller von Reichenstein發現，西元1798年才由另一位科學家M. H. Klaproth命名爲碲，而有關碲的醫學研究則在近幾年才陸續展開。西元1997年10月至12月間一份有關防癌的研究報告指出：碲具有殺菌功能，並且很可能具有預防某些癌症的功效。

★鉈——測試心臟的礦物質

鉈（Thallium; Tl）乃超微量礦物質，於西元1861年由英國科學家W. Crookes發現，而他在次年和法國教授C. A. Lamy才分別將它正式提煉出來。醫學上引用氯化鉈（鉈201）溶液施以靜脈注射，用於驗測心肌病徵至今已有四分之一世紀之久。

★鎢——抵制抗藥性的礦物質

超微量金屬鎢（Tungsten或Wolfram; W），於西元1783年由西班牙科學家de Elhuyar兄弟倆共同發現。

鎢的化學特性和鉬相似。鎢除了用於日常生活中的燈絲外，醫學界在治療乳癌或其他癌症時，經常以鎢的化合物抵制葡萄球菌類對抗生素所產生的抗藥性。

★錒——偵測人體內重金屬的礦物質

超微量金屬錒（Actinium; Ac）最初於西元1899年爲法國科學家André Debierne從鈾礦中分析出來。直至西元1997年，生化學家研究才發現，錒可能在預防或治療直腸癌方面具有某些效能。

醫學界在非常審慎的技術下，使用銅與鈾鹽以偵測人體肌肉組織內和血液中存在的重金屬。

★鈾——以對抗療法降低血糖的礦物質

超微量金屬鈾（Uranium; U）以三種同位素的形態存在於自然界中。鈾礦在地殼中含量甚多，較銀含量高出40倍。

鈾礦於西元1789年由德國化學家M. H. Klaproth依據行星中的天王星（Uranus）而命名。法國人E. M. Peligot於西元1841年成爲首位成功分離出鈾的科學家。從十九世紀初直到現在，自然醫學界對抗療法的醫生們，經常以鈾治療糖尿病，因爲它能迅速降低血中的糖分。

在某時期，超微量的鈾鹽溶液或粉末曾被用以治療鼻涕過多，但現在似乎已經不再使用此法了。

9 現代食品與礦物質

一、現代農作物中的礦物質大幅減少了

二十世紀之初，農作物生長在肥沃的土壤中，不受各類化肥的催化而快速生長，更沒有化學農藥的毒害，人類的食物不僅沒有汙染且養分充足，同時從中可獲取足夠的礦物質。但是經過了一個世紀的摧殘，如今二十一世紀初的土壤，早因耕種過度而貧瘠不堪，加上耕種方法不當，破壞土壤中礦物質的均衡，例如，大量施灑非有機性肥料和過量的含磷化肥（或只含有氮、磷、鉀等元素）用以加速農作物的生長，卻無法提供農作物所需的完整礦物質。因此，現今的農產品早已失去它們應有的美味和養分，尤其缺乏微量礦物質。

美國年度用於農作物的化肥和殺蟲劑之花費統計

年度	化肥費用	殺蟲劑費用
1970	2.4	1.0
1987	6.5	4.6
1994	9.2	7.2

（資料來源取自U.S.D.C 1989和1996） 費用以美金（億）爲單位

根據美國新澤西州所做農產報告——以美國各州不同地區所種植的蔬菜成熟後所做的分析指出，各種農作物因產地的不同，其所含礦物質的差距之大，令人難以置信，例如番茄的含鐵量，竟能相差至1,900倍。再以蘋果爲例，1914年，一顆種植在美國的蘋果可提供人體一半所需的鐵量，而至1992年，你必須吃掉二十四顆蘋果，才能獲得等量的鐵質，也就是說，一片1914年所產的蘋果就能提供相當於一顆1992年所產蘋果中的鐵質。

1914年一片蘋果相當於1992年一顆蘋果所含的鐵質

一顆中等型的蘋果，在八十年內，其礦物質含量之減退（未加工，含外皮）

礦物質	1914	1963	1992	改變的%（1914～1992）
鈣	13.5mg	7.0mg	7.0mg	-48.15
磷	45.2mg	10.0mg	7.0mg	-84.51
鐵	4.6mg	0.3mg	0.18mg	-96.09
鉀	117.0mg	110.0mg	115.0mg	-1.71
鎂	28.9mg	8.0mg	5.0mg	-82.70

（來源：Lindlahr, 1914; USDA, 1963; 1997）

以錳在豆莢中的含量爲例，美國農業部指出，1948年豆莢中錳的含量爲每100公克平均含3.1毫克，而至1997年卻平均只含0.159毫克。

此外，其他蔬菜抽樣中，以鈣、鎂、鐵含量的平均值來衡量美國蔬菜所含礦物質的多寡，也明顯看出礦物質下降的情形。

現代人已經喪失對食物的信賴，因爲根本無法從食物的表面得知其眞正所含的營養價值，尤其是所含礦物質的多寡。

自然生態與生存條件嚴重失衡，威脅人類健康，因此，如何維持體內礦物質的平衡，以確保身體各機能的正常運作，維持健康，正是現今人類急需解決的問題。

100公克豆莢中的錳含量

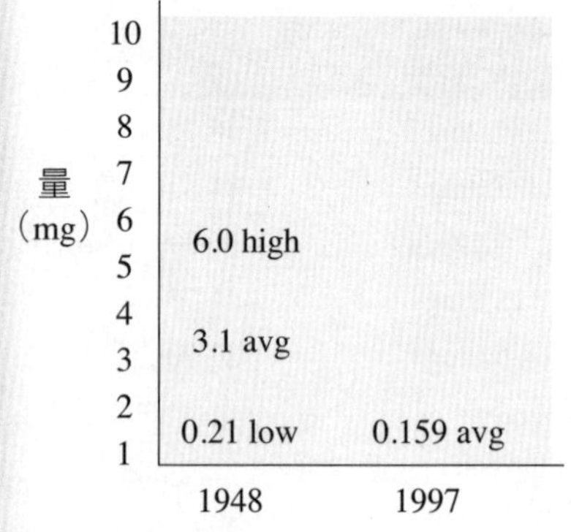

100公克卷心菜中的錳含量

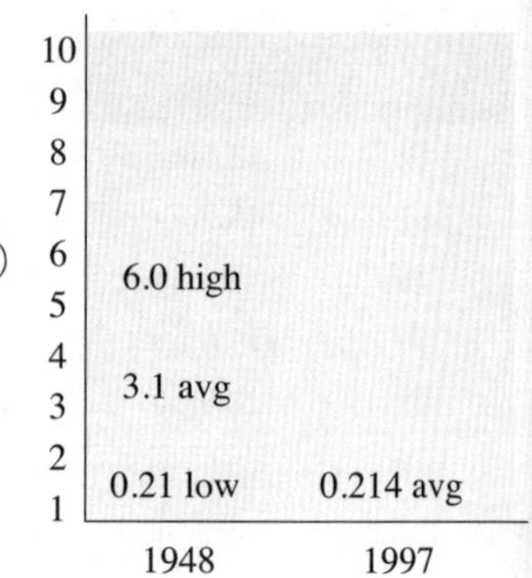

100公克卷心菜中的鐵含量

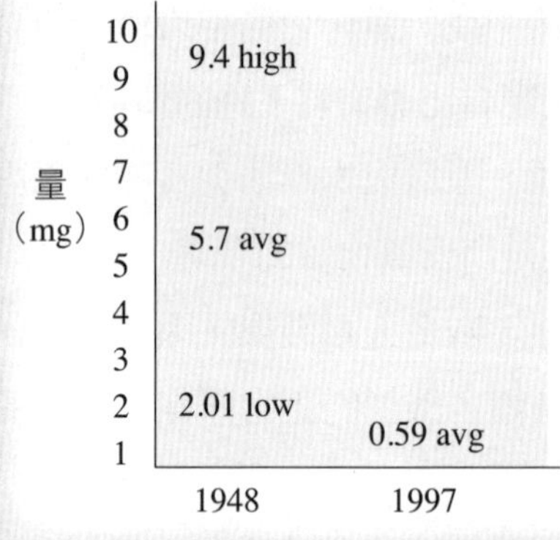

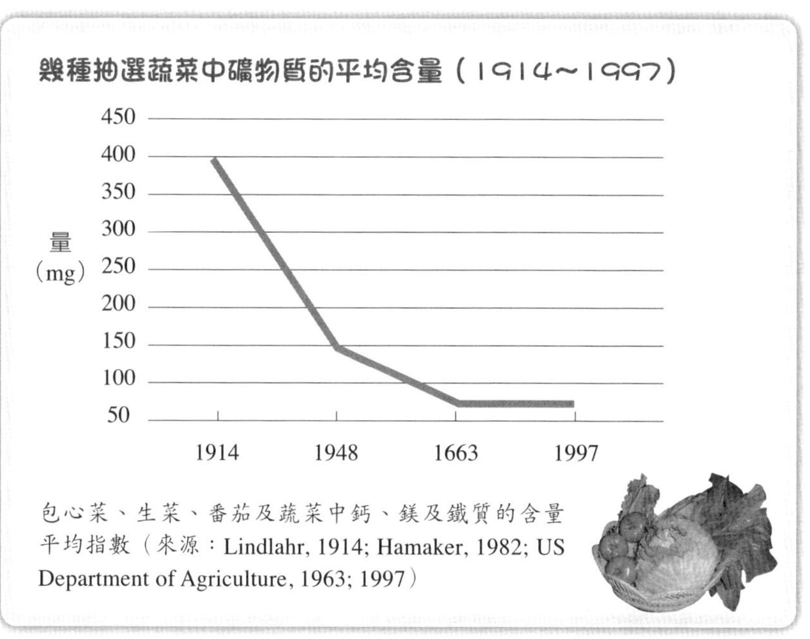

包心菜、生菜、番茄及蔬菜中鈣、鎂及鐵質的含量平均指數（來源：Lindlahr, 1914; Hamaker, 1982; US Department of Agriculture, 1963; 1997）

二、文明愈進步，礦物質愈缺乏

由於食物在製作過程中，已喪失原始應有的養分，再加上環境汙染、飲食作習不當等惡質條件，現今的人類慢性疾病和癌症的發生率已經比十年前平均提高40～50%。

雖然不能將患病率升高完全歸咎於礦物質的缺乏，但是兩者之間確實有密切的關聯性——當人體內礦物質降低時，疾病發生率就會提高。

美國醫學研究曾做過一份「慢性疾病與礦物質含量」的抽樣報告，以「每一千名病患」為單位，就缺乏礦物質鉻、鎂、鉀、銅、硒的心臟病罹患率而言，由西元1980年平均75.4人提高至1994年平均89.47人；其次，缺乏銅、鐵、硒、碘、鎂、鋅的慢性支氣管炎患病率則在十四年間提升約56%；再者，因為缺乏鈣、鎂、氟、銅而產生骨骼畸形的患病率也提升約47%。

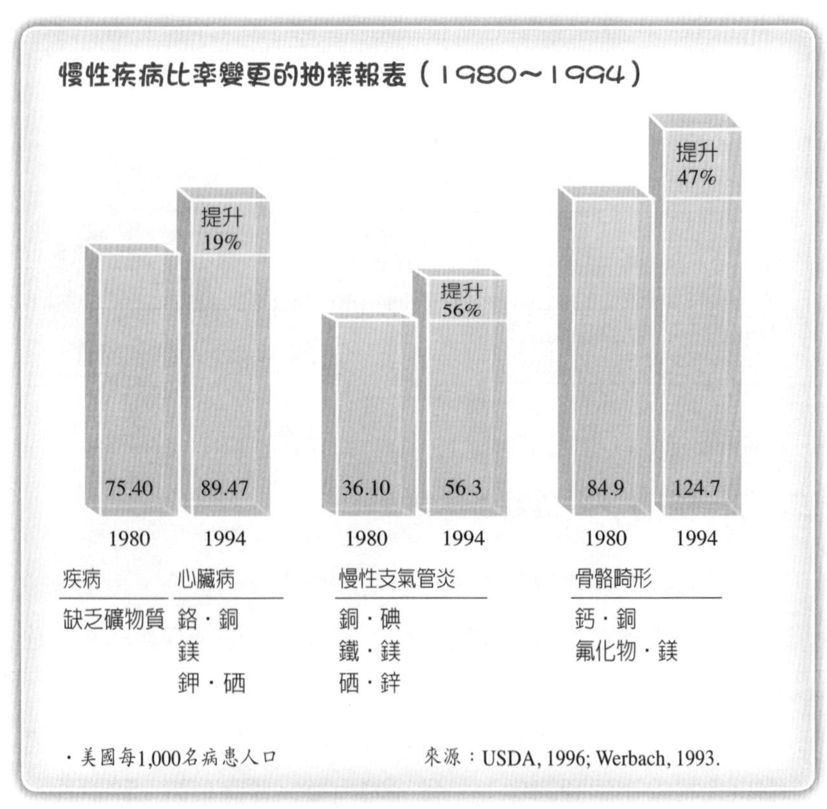

如前所述，礦物質因為食品過分加工而流失，愈精緻的食物愈缺乏微量礦物質。

以現代加工及精煉食品的方式，大部分人體保健所需之基本礦物質已逐漸流失殆盡

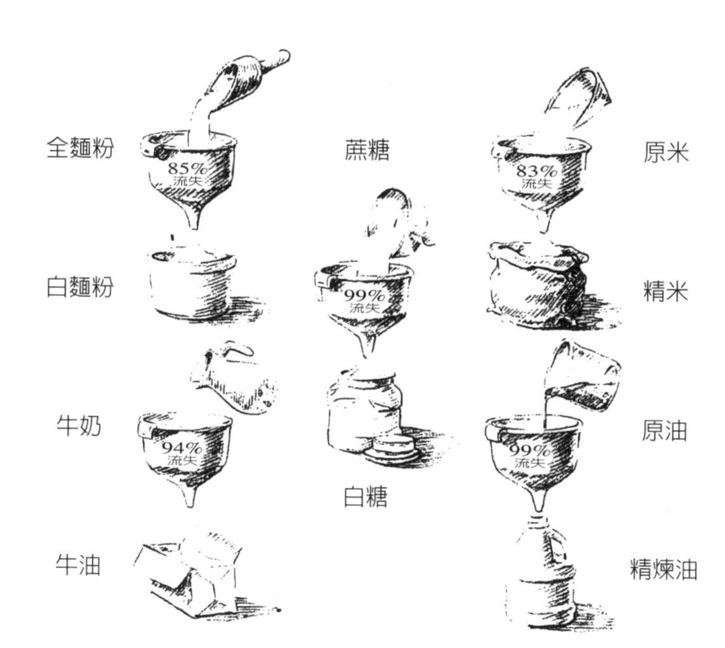

食品加工及精煉後礦物質的損失

	鈷	鉻	銅	鐵	鎂	錳	鉬	硒	鋅
從全面粉到白麵粉	-89%	-98%	-68%	-76%	-85%	-86%	-48%	-16%	-78%
從原米到精米	-38%	-75%	-25%	—	-83%	-27%	—	—	-50%
從蔗糖到精糖	-88%	-90%	-80%	-99%	-99%	-89%	—	-75%	-98%
從原油到精煉油	—	—	—	—	-99%	—	—	—	-75%
從牛奶到牛油	—	—	—	—	-94%	—	—	—	-50%

資料來源：Mervyn, 2000.

因此，現代文明愈進步，人體所需的礦物質就愈缺乏，不得已的情況下，服用外在的礦物質補充劑顯然有其必要性。

現代人礦物質嚴重缺乏的原因

1.偏食或是快速減輕體重，造成營養不良。
2.長期酗酒、頻尿、飲用大量的可樂、咖啡等飲料。
3.腸胃道吸收不良。
4.長期使用缺乏礦物質的注射液來供應營養。
5.長期服用藥物，例如鐵的吸收會受到抗酸劑或四環黴素的影響。
6.經常使用利尿劑或氫氧化鋁抗酸片，體內的鎂及鋅都會大量流失。
7.工作壓力過重。
8.水質汙染，無法取得均衡的礦物質。
9.土壤貧瘠，礦物質含量少，致使農作物未能具備完整充分的礦物質。
10.為便利運輸，農作物未成熟即提早採收，因而未能完全吸收到土壤中的養分。
11.飼養家禽和家畜的過程中，使用過量抗生素及荷爾蒙，影響肉類本身所含營養素的品質，並且更加重肉類的汙染。
12.礦物質的相互抑制作用，食用不均衡的礦物質，導致體內某些礦物質流失。

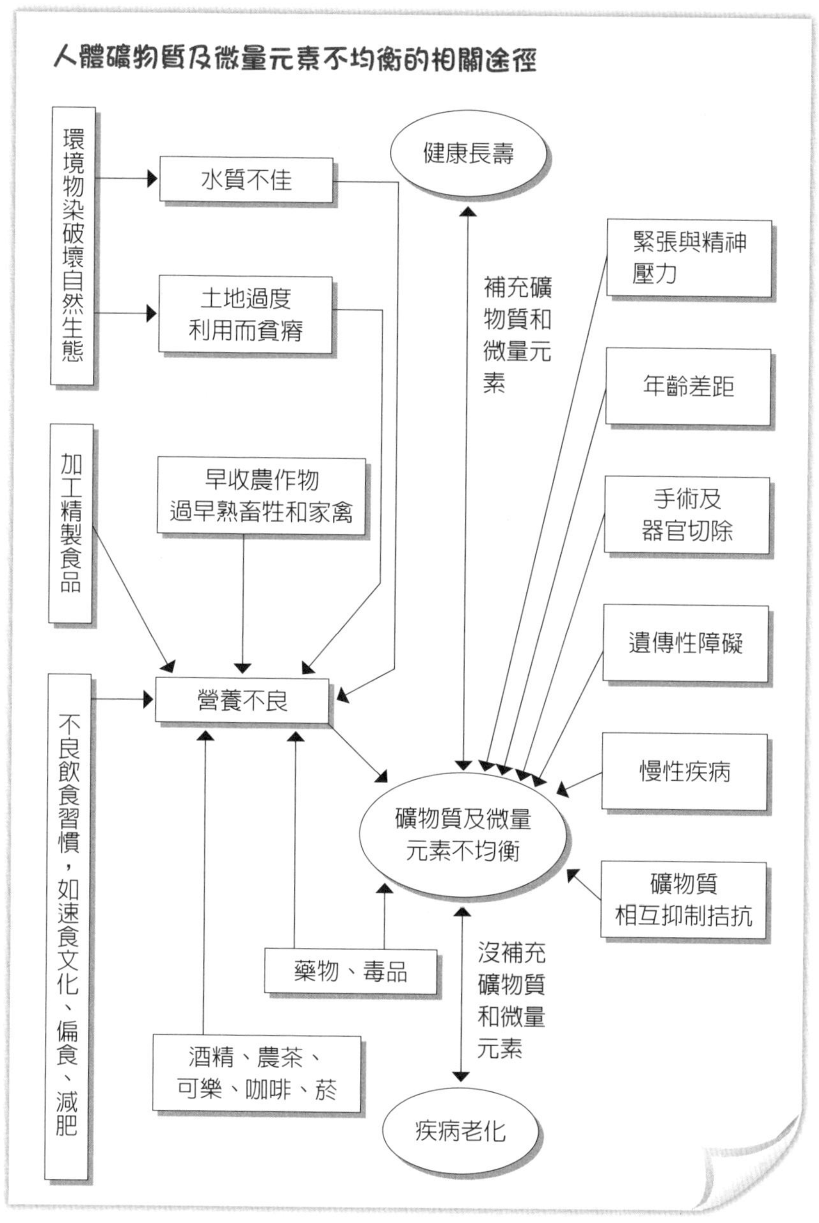
人體礦物質及微量元素不均衡的相關途徑
環境物染破壞自然生態
水質不佳
土地過度利用而貧瘠
加工精製食品
早收農作物過早熟畜牲和家禽
不良飲食習慣，如速食文化、偏食、減肥
營養不良
健康長壽
補充礦物質和微量元素
緊張與精神壓力
年齡差距
手術及器官切除
遺傳性障礙
慢性疾病
礦物質及微量元素不均衡
礦物質相互抑制拮抗
藥物、毒品
酒精、農茶、可樂、咖啡、菸
沒補充礦物質和微量元素
疾病老化

10 善用微量元素改進農作物

現代農耕應用生機農法確保農作物中礦物質含量；億萬年前地球上土壤非常肥沃，生長在土地上的作物、蔬菜、水果、藥草等不但健康肥碩而且富含人體各種必需的營養成分，尤其不缺礦物質微量元素。所有生命與大地是一個共同體，取之於大地、用之於大地，的確是「有土斯有財」，土地孕育所有的健康生命。

隨著人類進駐、人口增加，與日益需求食物，土地被大量開墾耕種，土地肥沃度逐年降低。土地過度開墾，再加上工業化的汙染，土壤的確是生病了，若不加以改良，則完全無法提供作物生長與人體的需求。因此，各種有機培養土、土壤改良劑、植物活化劑的推展應運而生，爲了確保土壤上生長的作物能提供我們每天身體的健康所需，土壤必須做充分的改良與補充營養成分。

良好的耕種土壤必須具備：

1.富含各種有機物質，例如有機碳和氮等化合物。

2.富含各種礦物質元素，例如磷、鉀、硫、鈣、鈉、鎂、

活性微量元素農藥、有機農業與傳統農業之比較

名稱	傳統農業	有機農業	活性微量元素農業
方法	極端	中庸	無為
機制	危機	轉機	生機
質量	產量大但品質低	產量小品質中等	產量大品質高
能量	能量低破壞性強	能量中等效能有限	能量高生命力強
栽種技術	採用大量化學肥料加強土壤沃度、大量使用農藥以避免蟲害產生	完全或儘量少用生化肥料及農藥。多半使用動物糞便做堆肥，細菌較多，或是礦物質含量不高的有機質肥	整合傳統與有機農業的優點。保留礦物質的活性，維護土壤及植物的養分
優缺點	土壤養分易流失，易造成生態上汙染與毒害人體健康	同一生產農地至少三年以上儘量不使用生化合成物，相對成本較高	具土質改良及環保功效。藉由頡頏原理來還原土壤的品質，把有毒物質及重金屬去除
理念	傳統耕作方式	生態學原理、重視生產過程	永續農業提升傳統及有機農業的生化架構，晉升為養生農業的境界，增強地方土壤再生

鐵、鋅、銅、錳、硼、鉻、釩、鈷、鉬、硒、鍺等，以提供植物生長的正常代謝。

3.適當的物理化學特性，例如通氣良好、酸鹼值7～8、土質鬆軟等，以適合植物根系的伸展與生長。

4.不含有害人體的重金屬元素，例如鉛、鎘、汞、銀、砷、鋁等。

土壤的質量與肥料的施用，應以最高層級的方法，也就是採用生機農法，首先要以含有多量礦物質與微量礦物質的礦源澈底改善土質，而並非只單一強調使用有機肥和不施農藥而已，也就是達到生機農法的眞正原則，確保植物的養分，進而達到養生的目標。

11 礦物質的交互作用

一、礦物質與人體的交互關係

人體內的礦物質、微量和超微量礦物質之間，同時存在「協同」與「拮抗」（對抗）兩種交互作用，以使人體各種生理機能處於精密的平衡狀態，這是由於各種元素之間的電子結構和物理化學相互間的差異性而造成彼此之間的協調或干擾。

人體內某種礦物質過多或缺乏，除了直接來自其攝取量的多寡外，更重要的是受到體內其他元素干擾的間接影響。因此在研究體內礦物質的需要量時，不能只從單一的一種礦物質加以補充，而要同時考慮到體內各礦物質和其他微量元素之間的相互關係和適當比例。

微量元素之間的平衡對人體生理或心理都有其重要的影響。例如德國人愛喝啤酒，因此體內含鋅量較高，也造就出許多個性強悍果斷的科技人才；而法國人喜愛含銅量較多的紅葡萄酒，因此個性較為溫和文雅，具藝術特質，偶有情緒化的表現；由此可知，微量礦物質的含量對心理層面的影響。而德國人較法國人易患心血管疾病，其原因除了葡萄酒中含抗氧化成分外，是否也因銅與鐵在血液中的加乘作用，使紅血球的攜氧功能增強，則有待醫學界更進一步的研究探討。

二、礦物質與礦物質之間的交互關係

生理醫學發現，鎘會干擾銅的吸收和利用，但銅亦能降低鎘的毒性；鉬太多則銅含量減少，而硫量高時則會降低鉬的濃度和含量，鋅會干擾銅和鈣之吸收、降低鐵的應用功能；大量的鈣或鎂會降低錳的吸收，過量的錳則會干擾鐵的吸收，過量的磷酸鹽亦會降低錳的吸收。以上均為經過實驗證實的結果。

三、礦物質與維生素之間的交互關係

已知茶和咖啡中的咖啡因會降低鐵的吸收，巧克力中多量的脂肪和草酸（Oxalic Acid）及穀類中的菲汀酸（Phytic Acid）會阻礙鈣質的吸收外，同時維生素與礦物質之間亦具交互作用，且對體內礦物質的吸收或流失具有相當的影響力。例如，脂溶性維生素A、E、K能降低礦物質的吸收率，而維生素D則使人體細胞內鎂的含量增高。服用鈣時，除非同時也服用維生素C，否則會降低對鐵的吸收。維生素D可增加對鈣的吸收，但是維生素A過量又會刺激骨質流失。維生素C可增加鐵的吸收效果，但卻會降低對銅的吸收，而多量的維生素E亦會減低鐵的功能。

礦物質間的相互關聯性

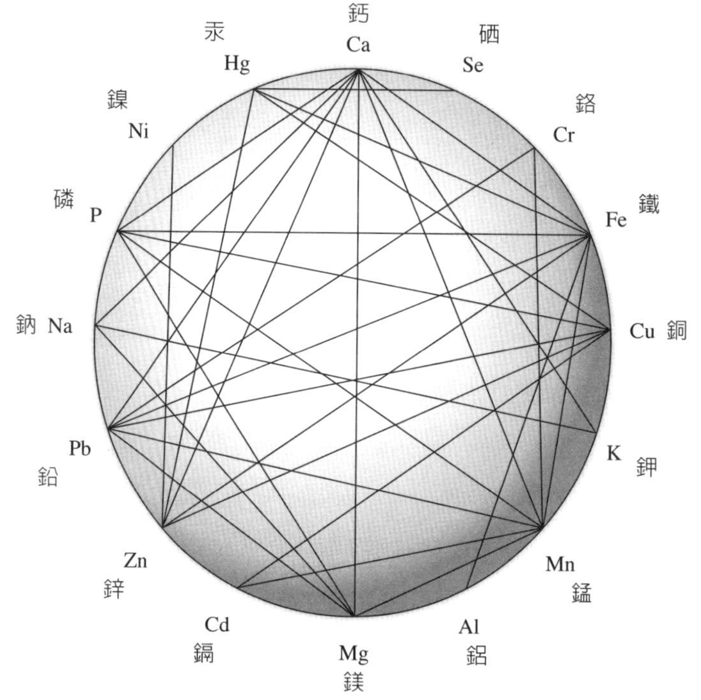

註：人體內的礦物質都是處於相互抗衡的狀態中，過多或過少都會影響其他礦物質的均衡現象。

感謝*Journal of Orthomolecular Medicine*, *Vol. 5*, No. 1, 1990.醫學刊物應允刊登。

人體內微量礦物質相互間作用圖解

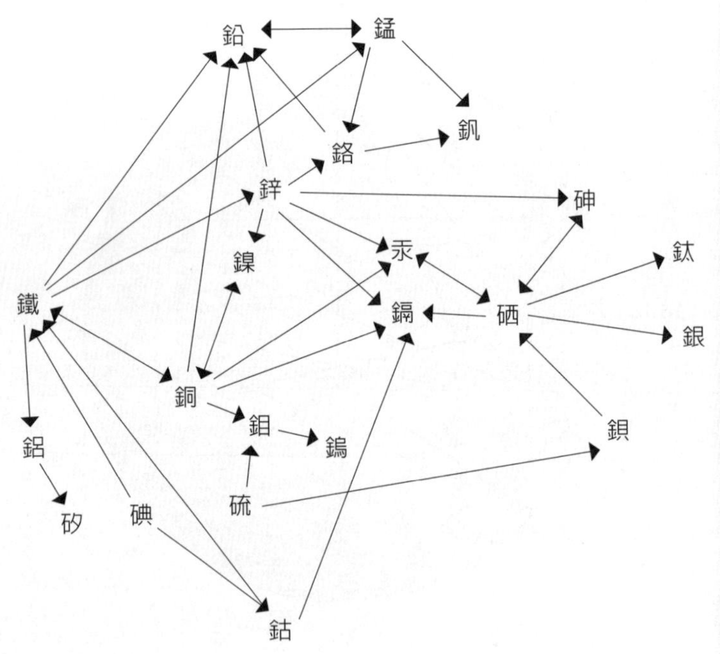

註：單箭頭（⟶）表示減低性

例：鐵⟶鉛，表示補充鐵可以減低鉛所造成的毒性，如果鐵含量過低，會使鉛毒性加強，或高含量的鉛可能抑制鐵的功能。

註：雙箭頭（⟷）表示加乘作用

例：血漿中的銅蛋白可以促進鐵的輸送，因而促使血紅素的合成。

維生素與礦物質相互關聯表

維生素	有相互影響的礦物質
A	鋅、鉀、磷、鎂、錳、硒
D	鈣、鎂、鈉、銅、硒
E（Tocopherol）	鈉、鉀、鈣、鐵、錳、鋅、磷、硒
B1硫胺素（Thiamine）	硫、硒、鈷、鈉、鉀、鐵、錳、鎂、銅、鋅、磷
B2核黃素（Riboflavin）	鐵、磷、鎂、鋅、鉀、鉻
B6吡哆醇（Pyridoxine）	鋅、鉻、鎂、鈉、鉀、磷、鐵、錳、硒
B12鈷胺素（Cobalamin）	硒、銅、鈣、鈷、鈉
C抗壞血酸（Ascorbic Acid）	鐵、銅、鈣、鈷、鈉
B3菸鹼酸（Niacin, Nicotinic Acid）	鋅、鉀、鐵、鎂、磷、錳、鈉、鉻、硒
B5泛酸（Pantothenic Acid）	鉻、鈉、鉀、鋅、磷

四、利用礦物質的交互作用排除有害的重金屬

由實驗中我們知道，體內含過量的重金屬會嚴重危害身體健康，例如，空氣中的汙染物——重金屬「鎘」，它土要來自於香菸與工業汙染；由實驗中得知，身體內過多的鎘會造成血壓高、免疫系統失常、學習能力障礙、情緒緊張甚或導致癌症。鎘在單獨存在時毒性非常大，同時鎘的存在更會增加其他物質的毒性，例如，農業用的殺蟲劑「氯化驅蟲林丹」（Chlorinated Pesticide Lindane）與鎘混合後如被食入體內，會使組織細胞林丹的含量倍

增，加重肝的代謝負擔，如未能順利排除，則可能導致肝硬化和肝癌。而研究攝護腺癌的細胞中也發現鎘含量與癌症的惡化成正比。

在一般正常情況下，除非嚴重的營養缺乏，否則只有非常少量的鎘能被人體吸收。然而，台灣爆發數次鎘米汙染事件，民眾若因此誤食含大量鎘汙染的米，其健康情況極不樂觀。因爲鎘的半衰期約達十年至三十年之久，如此長時間停留在體內，會造成體內重金屬汙染，在這種情況下，唯有利用其他礦物質和鋅、鈣、硒、鈷、銅和維生素C、硫氨基酸的取代和保護作用才能減低體內的鎘汙染傷害。

再以鉛汙染爲例，鉛的汙染幾乎遍及各個角落，主要來自於汽油的添加劑——四乙基鉛。調查統計，經常在車輛往來頻繁之交通要道玩耍的兒童，其智力顯著低於其他同齡兒童，這是長期吸入往來車輛排放之廢氣而引起體內含鉛量過高的結果。一般鉛中毒會引發神經、造血和消化系統等方面的綜合症狀，例如智力退化、食慾不振、嘔吐、腹痛和便祕，嚴重時會引起貧血、血管硬化、腦水腫、腎炎及腎衰竭，甚至死亡。歐、美、日等國家早已禁止出售含鉛的汽油，而我國尙未嚴格限制使用。此外，各種含鉛的油漆、化妝品以及老舊的鉛製水管也是鉛汙染的重要來源，在這些重金屬汙染源尙未能完全限制之前，唯有應用礦物質間的相互拮抗作用以保護人體不受重金屬汙染的毒害。

有毒的金屬對人體器官的影響

金屬	受影響的器官組織
鉛（Pb）	腎、胰、心、腦、骨骼、腸、神經
鋁（Al）	胃、腦、骨、肝、腎
汞（Hg）	神經、細胞膜、血液、腦、皮膚毛髮
砷（As）	細胞、肝、腦、指甲皮膚
鎘（Cd）	腎、心、腦、血管、細胞、皮膚、關節
銅（Cu）	神經、骨骼、肺、血液

重金屬累積在人體內會造成各種傷害。這些重金屬常與其他元素結合成化學物質，在直接或間接暴露下，經口、鼻或皮膚進入人體內，或經由食物鏈累積於人體中，導致無法完全恢復之健康損害或疾病。

積存於體內有害金屬對人體所造成的傷害

金屬	對人體之傷害所發生的現象
汞（Hg）	精神障礙、皮膚病變、語言障礙、胃痛
鉛（Pb）	破壞紅血球、麻痺、腎臟障礙、記憶力減退
錳（Mn）	語言障礙、神經障礙、無力
鋅（Zn）	皮膚病變、脫髮
鐵（Fe）	刺激黏膜、神經痛
砷（As）	烏腳病、皮膚乾裂、疲倦
鉻（Cr）	尿毒症、下痢、嘔吐、腸炎
鎘（Cd）	嘔吐、頭暈、頭痛、四肢無力
銅（Cu）	下痢、嘔吐、胃痛

保護人體不受重金屬毒害的微量元素

重金屬	礦物質	其他微量元素
鉛（Pb）	鈣、鐵、鋅、鉻、銅、鎂	維生素A、維生素B群、維生素E、維生素C、硫氨基酸、卵磷脂
鋁（Al）	鎂、鈣	卵磷脂、維生素B_6、B_{12}
汞（Hg）	硒、鋅、銅	維生素C、硫氨基酸、果膠、維生素E、維生素A
砷（As）	硒、鈣、鋅	維生素C、硫氨基酸
鎘（Cd）	鈣、鋅、硒、鈷、銅、鎂、鐵	維生素C、維生素E、硫氨基酸、卵磷脂
銅（Cu）	鋅、鐵	維生素C、硫氨基酸

12 真正的健康有賴於礦物質和微量元素的均衡

一、有毒的微量礦物質不是永遠有毒

雖然微量礦物質在食物中和代謝作用時的需要量甚微，但它的微量存在卻足以影響人體整個系統的運作。人體對於某些微量礦物質的需要量較其他的微量礦物質爲大，且就算服用超量時也無明顯的副作用或中毒現象。以鉻爲例，研究報告指出十分之九的美國人有鉻不足的情形；鉻主控胰島素在細胞內輸送血醣，並與重要的氨基酸進行生化作用而產生能量以維持組織生長，人體缺乏鉻時，胰島素無法正常分泌，可能導致糖尿病。在飲食中的鉻很少具有毒性，但若長期暴露在高鉻的環境下，則可能會導致皮膚病、鼻黏膜炎、肝、腎受損等。

此外，鋅就像鉻一般，同樣有助於糖尿病患對葡萄糖的運用。目前已知約有七十餘種酵素中含有鋅，其中的一個酵素可分解沉積在風濕性關節炎周邊的強氧化物，這就是近年來醫學界一直以硫酸鋅醫治這類病痛的主要原因。鋅與鉻相同，不易產生中毒情形，但是長期過量也可能產生嗜睡、行為偏差不安等現象。

此類礦物質一般都不認為含毒性。一般醫學界認為砷、硼、鎘、鉛、錫和釩具毒性，但目前證實，此類「概括認知」在某種程度上是不恰當的。例如，錫可有效去除老鼠體內阻礙生長的物質；碘在正常代謝作用及維持甲狀腺機能方面也需要釩的居中協調，鉛可增加幼鼠體內血球容量，而減少產生紅血球缺鐵的毛病；此外，正常細胞的生長和增殖也很可能需要砷，在人體肝臟及血液中亦含有相當量的砷，尤其是未出生的胎兒體內砷的含量更高，所以砷可以說是一種藥物及毒藥，同時也是人體所需的營養素。再則，從未使用過鋁製餐具的人和動物體內，都含有極微量的鋁。患有躁鬱症者血液中的溴含量比正常人少一半，等其症狀治癒之後，其血液中溴量則增加一倍，和正常人的溴含量相同。因而視人體需求而定，這些不同濃度的稀有礦物質，有其不同程度的必要性，且並非永遠「有毒」。

二、礦物質必須在一定的比率下共同運作才能達到健康效果

許多補充劑的製造商，忽略營養的最基本原則，也就是沒有任何一種補充劑或營養素可以自己獨立運作，它必須配合其他營養物質共同運作，才能產生保健功能。所有的維生素和礦物質都是如此。

鈣就是一個很好的例子。如果鈣無法與鎂、錳、鐵、磷、矽以及維生素A、C、D在細胞內結合，就無法被人體吸收和代謝。

更嚴重的是它會沉積在柔軟的組織中而使組織「鈣化」，因而導致動脈硬化、骨質疏鬆、關節炎和腎結石。不僅鈣需要和鎂結合，且鈣與鎂的比例也非常重要，一般的補充劑都以「二份鈣，一份鎂」的比例混合，最近研究報告卻指出其比例應該對調才正確。因爲鈣量比鎂量超出許多時，體內就只能分泌出少量的降血鈣素，而過多的鉀狀旁腺激素（PTH）則會導致鈣從骨質中流失。增加更多的鈣量並不能解決問題，雖然鎂能幫助身體吸收和代謝鈣，但過量的鈣又會阻止鎂的吸收（註：降血鈣素能促使鈣儲存在骨骼中）。

服用鈣而未能服用適量的鎂，將會導致鎂的缺乏，或是鈣的吸收不正常。換句話說，補充劑中若含鈣量比鎂高時，非但不能使骨骼強健，反而導致骨質脆弱。因此，服用礦物質時，其各礦物質之間的正確比例，正是日常保健和預防疾病的重要關鍵。

三、礦物質之間的運作就如相嵌的齒輪

礦物質必須與至少兩種或兩種以上的其他礦物質共同作用，才能達到預期的保健功能。而每一個相關聯的礦物質，又會直接或間接的影響到其他的礦物質，它們相互之間的依存關係，猶如大小齒輪相互嵌合轉動般的緊密相連。任何一個齒輪（礦物質）的運轉都會影響到其他齒輪（礦物質）的運作。

影響每一個齒輪（礦物質）的功能，關鍵在於齒輪的大小（礦物質的量）和齒輪的小嵌齒的數目（礦物質的特性）。人體各部組織系統就如同齒輪相嵌的網狀組織，發展出神經、循環系

統、消化、排泄、生殖系統、免疫系統，以及肌肉、骨骼等組織間的交錯功能。

四、攝取礦物質及微量元素必須相互協調均衡，否則可能適得其反，有害健康

如前章所述，礦物質之間的關聯性可區分爲相互對抗的「抑制作用」及相互增效的「協同作用」兩種。這兩種作用皆在代謝和吸收作用中同時產生。在吸收的情況下抑制作用能抑制吸收功能，也就是過量服用某種單一元素會導致腸道降低吸收另一種元素的功能。舉例而言，過量服用鈣會影響腸壁對鋅的吸收，而過量服用鋅，又會降低銅的吸收。抑制作用對於新陳代謝而言，會因單一元素的過量影響到另一元素的代謝功能，進而會導致其被排出體外，這些現象可就鋅與銅；鎘、鋅、鐵與銅；鈣、鎂與磷等之間的關係而有所瞭解。

在許多案例中，孩童們的細胞內顯示出過高的含鈣量，這是因爲飲食中含鈣量太高而鎂又太低，因此導致「細胞自殺」，而組織鈣化可以導致上千種疾病。人體成長時期，鈣能從骨骼堅硬的組織中延伸到體內柔軟的組織裡。目前一般人對這種現象，還沒有完全瞭解，但在廣泛的醫學界已引起相當的重視。

鈣在身體中沉積，關乎於自身的生物化學變化。鈣沉積在關節就形成關節炎，沉積在血管內造成血管硬化；沉積在心臟會導致心臟病；沉積在腦中則引起衰老症。鈣化過程是非常緩慢的，可能需時十年、二十年，甚而超過三十年。鈣化現象從孩童期就

已經開始，身體中包括各種腺體在內沒有一處能免於鈣化。

攝取某一種維生素過多時也可能導致礦物質不足或是過量。高量的維生素C會影響銅的吸收及代謝功能，造成銅的缺乏，且可能導致骨質疏鬆症和免疫功能降低。而維生素C對銅的抑制作用又需要吸收足夠的鐵，因此過量攝取維生素C又會導致鐵中毒。

依據美國一篇營養學術報導指出，營養不良和營養過剩都會導致免疫系統失調，影響其功能。礦物質也是如此，過多或過少都有害健康，均衡是唯一要件。這是各元素之間的平衡現象，並非單獨的元素就能支配的生命現象。

Mg K Ca P Na

13 礦物質與人體氣場的關聯性

一、以中醫哲理觀「氣」

古代養生學主要以「固本元氣」爲保健之道。各類的氣功養生調息方法，都以調整呼吸、打通血脈爲最終的目的。「氣」來自大自然、宇宙，植物接收後得以生長，動物也在夜晚受到地球磁場及宇宙大氣的調理，身體機能因此發育茁壯，調節平衡。

可悲的是，二十一世紀的人類，生活在狹窄的空間，周遭在鋼筋水泥的密閉建築物阻擋下，來自宇宙的大氣和磁場遭受到阻礙和干擾，因此各種慢性疾病和精神壓力皆相繼產生，而這些所謂的文明病僅靠藥物並無法獲得令人滿意的醫療效果，因此，現代人又回歸至古人戶外進行呼吸調息，以「氣」養生的自然保健之道。

以淵源來自於印度而被廣泛融入佛教哲學的理論，來觀看生命的元素，則可分爲地、水、火、風四大類別，其中「地」爲

「骨肉」、「水」爲「體液」、火爲「體溫」、風爲「呼吸」，生命的本質不可缺少這四大元素中的任何一項，否則就沒有生命的跡象。

這四大元素中的「骨肉」源自土地和海水中的礦物質，以及植物經光合作用或是動物以食物鏈方式所形成的營養元素。這些營養元素溶於體液中的水，在腸道中被吸收，並且與「風」中的空氣進行太陽能的「光合作用」，或是以氧氣而進行「氧化作用」，因而產生「火」，也就是「能量」，以維持生命。

古代農民經常在牛隻生病時，放任其到山谷間自行覓食某些青草，或是掘開土壤吃食其中的黏土，而後病牛竟能自然痊癒。其實，許多動物都具有這種本能，家中的寵物貓和狗，當牠們身體不適的時候，也會自己尋找青草和泥土來吃。我們人類原本也具有此種動物本能，但是受到文明生活和西方醫學的影響而逐漸淡忘、消失。事實上，黏土含有豐富的礦物質和地氣，人類的老祖宗早已將黏土應用在強身保健方面，甚至治療病痛維護人體磁場和氣場。相信不久的將來，科學文明更進步時，必定會再一次證實我們老祖宗的智慧。

以中國醫學的理論而言，食物具有陰陽特性，通常動物性食物，例如魚、蝦、肉類、家禽類和鹽均屬陽性食物，而植物的根、莖、葉、海藻類以及砂糖則屬陰性食物，未經加工的糙米則屬中性食物。

身體中所含陰性或陽性食物的多寡，會影響人體的能量。所謂的「人體能量」（即前述的「火」），也就是能啓動人體其他活動的能力。人體有兩種類型的「能量」，我們最常用的能量就是「化學能量」，它是由食物經過新陳代謝作用所產生的化學能，是一種常見的外在能量。另外一種就是輸送神經脈衝至人體各部位的「人體電位能」，是一種內在的能量，也就是中國傳統醫學所謂的「氣」（Ci-Yi），西方稱「氣」爲BEE（Body Electrical Energy）。

二、以西方科學觀「氣」

在人體的神經系統中，有上億的神經元，我們觀看一場球賽或是閉目靜思，都是來自各種神經元的相互配合而產生的行動。神經元的功能有如電器中複雜的電線，而神經元的傳導功能有賴於細胞內外電勢差的改變，這種改變，稱爲「運作電極」，它可以每小時運行數百哩的速度在細胞膜上流動。雖然神經傳遞信號時，是因爲神經膜內的電化而帶電，但這種由神經元傳導至另一個神經元，或是傳導至肌肉細胞的現象，主要是基於化學變化而非電磁變化。

人體各種器官內不同的神經系統含有各種不同的化學物質，才能發揮傳遞功能。每一種礦物質的離子，都有不同的週頻率，當一個或更多的礦物離子經過細胞膜，並且依附在蛋白分子上時，就產生化學作用，而引發生物體的酵素作用，不同的礦物質可使酵素產生不同的反應。

人體內上千億的細胞形成電流的能量系統，就是這種精密的電能，生命因之產生，而疲倦現象就有如電池電力不足。

細胞不但需要葡萄糖，同時也需要礦物質作爲正負電極，而在細胞內產生電壓。中醫哲理中的「風」也就是「呼吸」，因呼吸而得到的氧就是我們細胞電池的正極，加上來自食物中所含礦物質形成的離子就產生電流，例如稀有礦物質硒、鋅、鐵和錳提供電流量的通道。生命是藉著電流不斷地運作，同時需要適量的氧藉以遞送電流。人體就是一個生物電導體，其電流的電場和中國醫理的「氣場」相互呼應。

三、礦物質能提升練「氣」的效果

人體無論晝夜，每一秒鐘都不斷地釋出離子化的礦物質和微量礦物質，來傳導和產生成千上萬微小的電荷脈衝，這些脈衝也就是所謂的「氣」，它能促使肌肉、神經、心肌、腸胃的運動，如果沒有這些脈衝，就沒有任何肌肉（包括心臟在內）的運作，也就是說，「斷氣」等於死亡。

唯有離子化礦物質才能傳導這些電荷，產生「氣」場，提升神經系統的功能和肌肉的收縮及活動力，加強身體或精神的敏銳度。因此，礦物質與人體的能量息息相關。舉例而言，象徵財富的「黃金飾物」其最原始的眞正用途是提供人體氣場和能量，以前只有權勢貴族才能配戴，後來才擴展到平民階級。當時以黃金打造成戒指、手鍊和項鍊等配戴物是用於治病，因爲黃金的導電力強，配戴於身體表面，可以吸收空氣中的氣並且可以將氣屯積起來，對於身體虛弱的人，可以提供一個氣場，使病人較爲舒適。同樣的，在人體內所含的微量金離子，可調節體內「氣」的運行，使「氣」能送到人體最需要的部位，使其得到最佳之養分供應和廢物清除的功效。

中國醫學與武術方面所練就的「氣」，與體內礦物質的電解性有相當關聯，因爲礦物質和微量礦物質的電解性可以可輔助練氣的功效。中國傳統醫學理論中，「氣」代表著最高的「生命能量」，以草藥及礦石來促進氣的運轉，也就是加強體內的電子能量。體內的礦物質愈均衡，則氣的運轉愈爲順暢，也就是說，礦物質可促進體內「氣」的運轉，因而得以恢復健康與活力。

14 礦物質與五行生辰的關聯性

英國能量醫學專家發現，當人類的身體化爲灰燼時，僅留存下的礦物質中，主要爲磷、硫、鉀、鈉、鈣、鎂、矽、鐵、氟等礦物質，且以氯化物、硫化物、磷酸鹽和硫酸鹽的形式存在於灰燼中。經過多年分析探測的結果，竟然發現人體體內礦物質的質與量和其出生的時辰具有耐人尋味的關聯性。

台灣順勢醫學專家楊緯謙博士歷經多年的研究，亦證實在自然醫學能量測試的檢測下，每個人所缺乏或所需要的礦物質與其生肖、生辰、星座有某種特殊的相關性。楊博士依上述特性順勢療法看診時，往往也針對患者所需的礦物質加以補充，且治療成效奇佳。茲將楊博士以多年臨床實證結果而研製的人體組織礦物質適性表提供給讀者參考。

生肖、星座與人體組織鹽

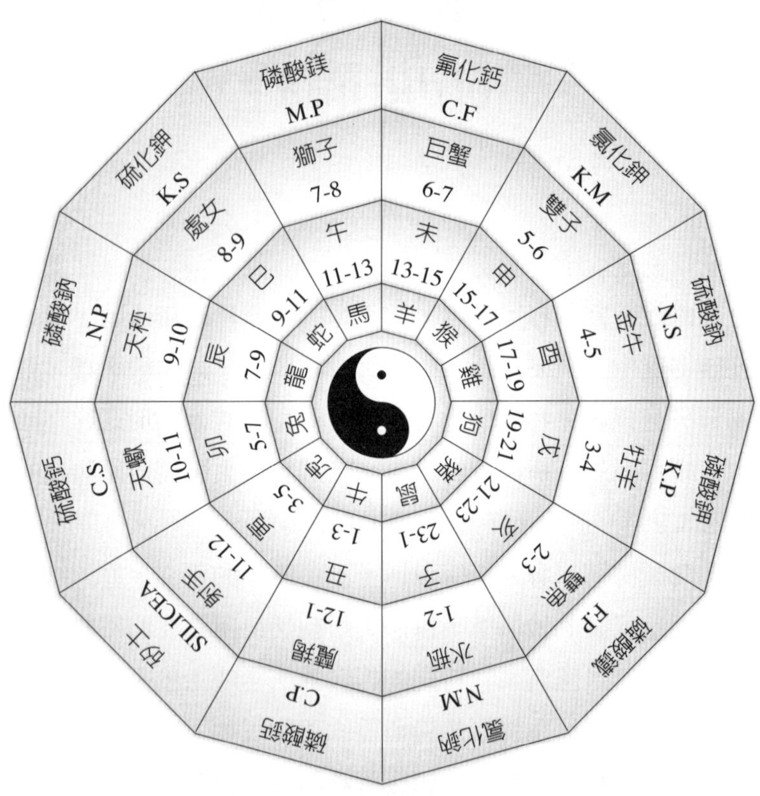

中華民國順勢健康法推廣協會理事長
英國生物能量醫學研究所所長
楊緯謙博士研製

★生肖、星座與人體組織鹽範例（一）

出生於民國33年3月5日（農曆二月初十一），亥時，屬猴，雙魚座的人，所需要的特殊礦物質包括有磷酸鐵和氯化鉀。

★生肖、星座與人體組織鹽範例（二）

出生於民國61年8月18日（農曆七月十日），辰時，屬鼠，獅子座的人，其所需要的特殊礦物質包括有磷酸鈉、氯化鈉、磷酸鎂。

這份生肖、星座與人體組織鹽圖表的應用，不但是多年經驗的累積，也非常順乎生物體的磁場效應。當母體懷胎時，早已身受當時太陽光能和磁能的感應，同時又受地球磁能與節氣、氣候的調節，再加上懷孕期間所吃的食物受到季節更換而有所不同，而宇宙淨化的磁場強弱也跟隨時節時辰而異，無形中影響到胎兒的成長及發育（其中最能與宇宙磁場相互感應的就是礦物質和水）。

所謂的太陽帶正電、為陽性、正極、示為天公；地球帶負電、為陰性、負極、示為地母，在天公地母四季時辰的影響之下，人體的「先天體質」即產生「酸性體質」和「鹼性體質」之區別，而體質的酸鹼性則主要取決於體內各種礦物質的成分和其多寡。

因此，無論在傳統醫學或是整合醫學方面，確實測試出人體個別所需礦物質的種類和其需要量（平衡體內所需的礦物質），是現代人健康長壽的根本之道。

15 戲劇性的科學證明

——活血分析與離子化礦物質

近十幾年來，自然醫學界常以新型高倍顯微鏡更進一步研究血液細胞的活動效能，稱之為「活血分析法」。這種血液分析法只需取得被檢驗者手指尖的一滴血，將它塗抹在玻璃片上，以高達放大兩萬倍數的顯微鏡，連接電視螢幕，顯示及記錄玻璃片上所見到游動的紅血球、白血球、血小板、游離脂、膽固醇、尿酸結晶、酵母菌、黴菌等存在於血液中的物質，以瞭解並預測受驗者未來的健康趨勢。

同時，使用這種新工具可以很快地瞭解營養素與血液細胞間的關聯性。在高倍顯微鏡下顯示出，完整的食物經過攝取一段時間後，可以活化血液中的細胞，也就是在血液中聚集不散的紅血球可以重新恢復成有規則的圓形而且更具活動力。在不正常的營養狀況下，顯微鏡下的紅血球像銅板一樣堆疊在一起，這種堆疊稱為「形成捲形物」（Rouleaux），也就是法文「捲筒」的意思。當人體精力減弱、營養不均衡或是生病時，紅血球多半呈現出「捲形物」，而白血球則被黏著的紅血球擠壓得無法動彈，因而失去吞噬細菌的能力，降低其在血液中的免疫功能，同時因爲紅血球聚集（Aggregation）緊密串聯在一起，而造成血液循環不良、缺氧等身體不適現象。

在活血分析顯微鏡下，某些健康食品會展現出極爲戲劇性的活化功能，其中尤以酵素和離子化礦物質最爲顯著。雖然每個人所測試的結果不盡相同，但若受測試者第一次的血液分析呈現「捲形物」，在施以適量的酵素或是離子化礦物質和微量礦物質後的十五分鐘至一小時，再重新做一次活血分析時，會發現捲筒狀的紅血球相互分開，並呈現圓形單獨的浮游狀態，同時白血球也得以自由舒展。

紅血球疊積成捲筒形是因爲缺乏均衡的營養，因而減弱紅血球自肺中攜帶氧、再釋放至細胞內的功能。疊積的細胞很可能是疾病的前驅物，例如，所有癌症病患都呈現「捲形物」的紅血球狀態，這些細胞只能在玻璃片上存活二至三分鐘，當服用酵素、離子化礦物質或海鹽鹽滷後，紅血球的黏稠度即有顯著的降低，同時細胞可在玻璃上存活長達數小時之久。

因此，透過活血分析可以更加瞭解礦物質的重要性，尤其是來自海水中的鹽滷，其所含的均衡礦物質可以在很短的時間內發揮出強力的效功。

血液中紅血球黏著形成條帶狀，紅血球活動力低弱，攜氧功能無法充分發揮，代謝作用不健全，造成生理失調，精神不易集中，容易倦怠。同時白血球被壓擠、無法活動及吞噬細菌，導致免疫力降低，容易感染疾病。

血液中紅血球活化，在血液中分散且具有活力，充分發揮攜氧功能，白血球活動自如，發揮免疫功效，代謝作用正常化，調節各部生理機能，降低病痛的發生率，精神易於集中，體力充沛。

未飲用離子化礦物質前之血液

當人體礦物質不均衡時，血液中紅血球、白血球黏著形成帶狀，紅血球活動力低落，攜氧功能無法充分發揮，同時白血球被擠壓，無法活動及吞噬細菌，導致身體防禦能力明顯降低。

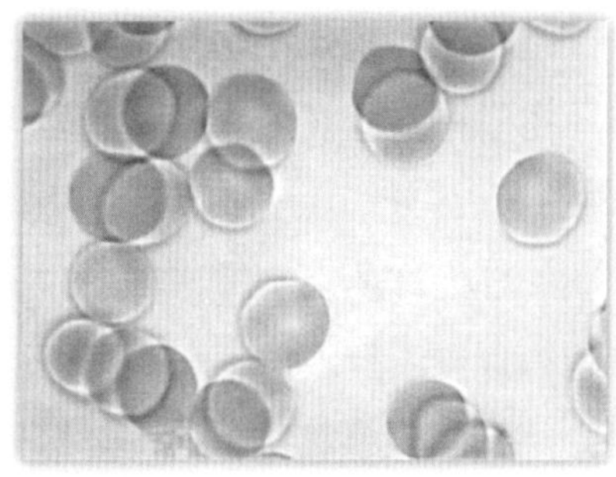

飲用離子化礦物質三十至六十分鐘後之血液

均衡的離子化礦物質進入人體後，不需經過消化，即可直接被吸收利用，進入血液活化紅血球和白血球，在血液中分散且具有活力，充分發揮攜氧功能，身體防禦能力明顯提升。

16 常用於中醫藥理的各種礦物質

礦石可內服外用

我國數千年的中醫藥理，經常引用各種礦石、動物骨骼、甲殼類的外殼作爲藥用或藥引，經過近代科學的驗證，發現上述物質之所以可產生各種藥理功能（且多半既可內服又能外用），主要原因在於其中之礦物質與微量礦物質的組合。茲將中醫藥理常見礦石中所含礦物質的成分、性能以及病理上的應用，彙整如下，提供讀者參考。

★麥飯石（Igneous Rock）

來源及形態：爲不規則塊狀之火山岩或花崗岩，表面顆粒大小和色澤分布很像一團麥飯。

礦物質成分：矽、鈣、鈉、鉀、鎂、磷、鈦、釩、鐵、鋁、鋅等。

藥理性能：甘、溫。消癰腫，解毒消炎。

中醫應用：癰疽惡瘡，皮膚潰瘍。

★硫黃（Sulphur）

來源及形態：黃色斜方晶體，易燃，自硫礦提煉而成。

礦物質成分：硫、鈣、鐵、鎂、鋁、鈦、錳、銅、矽、砷。

藥理性能：酸、熱。壯陽散寒，殺蟲通便。

中醫應用：陽痿、虛喘、便祕、疥癬、濕疹。

★山羊骨（山羊）（Capra Hircus L.）

來源及形態：牛科動物山羊骨頭。

礦物質成分：磷酸鈣、碳酸鈣、磷酸鎂、氟、鉀、鈉、鐵、鋁。

藥理性能：甘、溫。補腎、強壯筋骨。

中醫應用：腰膝無力、筋骨酸痛。

★白石英（Quartz Album）

來源及形態：不規則塊狀、含氧化矽的石英石。

礦物質成分：二氧化矽。

藥理性能：甘、溫。止咳、安神、利尿。

中醫應用：咳嗽、驚悸、消渴、小便不利。

★不灰木（Hornblende Asbestos）

來源及形態：硅酸鹽類纖維狀石棉礦。

礦物質成分：鐵、鎂、鈣、鋁、鈦、錳、釩、鋅、銅、矽。

藥理性能：甘、寒。清熱、利尿。

中醫應用：小便不順、咳嗽、喉痛。

★石膏（Sericolite）

來源及形態：純白色塊狀、具絹絲光澤的硫酸鹽礦石。

礦物質成分：鈣、鎂、鋁、矽、鐵、錳、鈦、鎢、錫、硼、銅、鉛。

藥理性能：辛、甘、寒。清熱、解煩、止渴。

中醫應用：心神煩昏、譫語發狂、口舌生瘡。

★伏龍肝（Furnace Soil）

來源及形態：不規則黃色至深紅色，多年燒柴草燒結而成的土塊。

礦物質成分：鋁、鈣、鎂、鎂、矽、鈦、錳、釩、鋅、錫、鎳、鋰。

藥理性能：辛、溫。止嘔、止血。

中醫應用：嘔吐反胃、腹痛泄瀉、吐血、潰瘍。

★無丁赭石（代赭石）（Hematite）

來源及形態：紅黃色或棕紅色不規則塊狀，表面密集針狀突起的赤鐵礦。

礦物質成分：鐵、矽、鎂、鋁、鉀、鈉、磷、鈦、錳、鋅、鉛、銅、鎳、砷。

藥理性能：苦、寒。平肝鎮逆、涼血止血。

中醫應用：噎膈反胃、哮喘、驚癇、嘔血、痔瘡。

★花蕊石（Serpentinized Marble）

來源及形態：白灰色或灰綠色具稜角不規則塊狀的蛇紋石的大理石。

礦物質成分：鈣、鋁、鎂、矽、鐵、錳、鈦、鎳、錫、鋅、銅、磷、鉛。

藥理性能：酸、平。化瘀、止血。

中醫應用：嘔血、便血、崩漏、產婦血暈、胞衣不下、金瘡出血。

★紅粉（Oxidized Azoth）

來源及形態：爲以昇華法人工合成的丹劑，又稱爲金丹。主要以白礬、硝石加入研細後，置於鐵鍋中加熱熔化，放冷後倒入水銀表面，再放鍋中蓋嚴加熱冷卻後所呈紅色薄片結晶物。

礦物質成分：汞（氧化汞）、鈉、鋁、鎂、矽、鐵、銅。

藥理性能：拔毒、去腐、生肌。

中醫應用：僅適外用於癰疽、疔瘡、梅毒、下疳。

★珊瑚（Corallium Japonicum Kishinouye）

來源及形態：爲樹枝狀珊瑚蟲群體所分泌的石灰質骨骼。

礦物質成分：鈣、矽、鐵、鎂、鋁、鋅、銅、錳、鈦、鎳。

藥理性能：甘、平。安神鎮驚、袪翳明目。

中醫應用：驚癇抽搐、吐血衄血。

★雄黃（Realgar）

來源及形態：深紅或橙紅不規則塊狀的硫砷化物礦石，斷層面發閃耀光芒。

礦物質成分：硫、砷、鋁、矽、鈣、鐵、鎂、錫、鈦、錳。

藥理性能：苦、溫。燥濕、祛風、解毒、殺蟲。

中醫應用：疥癬、哮喘、腋臭、驚癇、寒痰咳嗽、蟲積腹痛。

★砒石（Arsenolite）

來源及形態：紅黃色半透明氧化砷不規則塊狀。

礦物質成分：砷、鐵、鎂、錫、鈣、鋁、鈦、錳、磷、鋅、鎢、釩。

藥理性能：辛、酸、熱。劇毒。祛痰截瘧、殺蟲、蝕惡肉。

中醫應用：寒痰哮喘、瘧疾、痔瘡。

★石灰（Limestone）

來源及形態：主要由方解石所組成，爲石灰岩加熱燃燒後之塊狀土石。

礦物質成分：主要成分是碳酸鈣、鐵、矽、鋁、鎂。

藥理性能：辛、溫。有毒。殺蟲、止血、定痛、蝕腐肉。

中醫應用：治疥癬、濕瘡、創傷出血、燙火燒傷、痔瘡、脫肛、贅疣。僅可外用。

★黃石脂（Clay Rock）

來源及形態：爲黃色多稜角的鋁硅酸鹽土石。

礦物質成分：鋁、矽、鎂、鐵、鈣、鈦、錳、釩、鋅、銅、鉛。

藥理性能：甘、平。止瀉、調中、除濕。

中醫應用：虛寒腹痛、大便膿血、瀉痢。

★瑪瑙（Agate）

來源及形態：灰色、紅色或黃色半透明至透明蠟樣光澤的不規則塊狀石英石。

礦物質成分：矽、鐵、鋁、鎂、錳、鈦、鋅、鉬、銅、鎳。

藥理性能：辛、寒。清熱明目。

中醫應用：目生障翳、腫痛流淚。

★龍骨（Os Draconis; Drgonsbones）

來源及形態：為多種動物骨齒的化石。

礦物質成分：碳酸鈣、磷酸鈣、氟、鐵、鉀、鈉。

藥理性能：甘、澀、平。鎮驚安神、斂汗固精、生肌斂瘡。

中醫應用：失眠多夢、自汗盜汗、遺精淋濁、癲狂、健忘。

★龍齒（Dens Draconis）

來源及形態：為多種動物牙齒的化石，含有多量琺瑯質而有別於龍骨。

礦物質成分：碳酸鈣、磷酸鈣、氟、鋰。

藥理性能：澀、涼。鎮驚安神、除煩熱。

中醫應用：煩熱不安、失眠多夢。

★硼砂（Borax）

來源及形態：白色單斜短柱狀晶體。

礦物質成分：四硼酸鈉。

藥理性能：甘、鹹、涼。清熱消痰、解毒防腐。

中醫應用：咽喉腫痛、口舌生瘡、咳嗽痰稠、目赤障翳。

★大海浮石（Pumice）

來源及形態：多爲黃白色或黑褐色多孔火山岩浮石。

礦物質成分：矽、鋁、鉀、鈉。

藥理性能：鹹、寒。清肺、化痰、通淋。

中醫應用：熱痰喘嗽、淋病、疝氣、瘡腫。

★小海浮石（Calcium Carbonate）

來源及形態：爲沉積海水的碎貝殼與碳酸鈣結合的不規則球形多孔斷面似海綿狀的礦石。

礦物質成分：鈣、鎂、鋅、鐵、矽、鋁、錳、鐧、錫、氟。

藥理性能：鹹、寒。清熱化痰。

中醫應用：老痰淤積、肺熱咳嗽、氣管炎、淋病、疝氣、瘡腫。

★石鹽（大青鹽）（Halite）

來源及形態：青白或灰白色立方體或不規則的稜體，多半來自炎熱乾燥的鹽湖中。

礦物質成分：氯、鈉、鎂、矽、鉀、鋁、鐵、鈣、鈦、銅、鎳。

藥理性能：鹹、寒。瀉熱涼血、明目。

中醫應用：目赤腫痛、吐血。

★雲母（Muscovite）

來源及形態：淺色或無色板片狀單斜晶體。為矽酸鹽類的白雲母礦。

礦物質成分：矽、鋁、鉀、鈉、鐵、鎂、鈣、鋅、銅、釩、鉻、鉛、鈦、錳。

藥理性能：甘、溫。納氣墜痰，止血斂瘡。

中醫應用：虛喘眩暈、驚悸癲癇、金瘡出血、久瀉下痢、癰疽白帶。

★石燕（Cyrtiospirifer Sinensis; Graban）

來源及形態：為石燕子科動物中華弓石燕及其近緣動物的化石。

礦物質成分：鈣、矽、鎂、鋁、磷、鎳、鋅、錳、鈦。

藥理性能：甘、涼。清熱涼血、利濕。

中醫應用：尿血、淋病、小便不順、濕熱下帶。

★扁青（曾青；藍銅礦）（Flat Azurite）

來源及形態：藍色單斜短柱或板狀晶體，為碳酸鹽類平狀藍銅礦石。

礦物質成分：碳酸銅、氫氧化銅。

藥理性能：酸、鹹、平。祛痰、催吐、明目。

中醫應用：目翳目痛、風痰癲癇、創傷、癰腫。

★金精石（Vermiculite）

來源及形態：爲金黃色具光澤之片狀雲母。

礦物質成分：鎂、鋁、鐵、鈣、矽、鈹、鋇、鈦、錳、錫、銅、鋅、鎳、鉛。

藥理性能：鹹、寒。鎮驚安神、明目去翳。

中醫應用：心悸怔忡、心神不安、目赤腫痛。

★理石（Anhydrite; Massive Structure）

來源及形態：深灰至黑色之硫酸鹽類礦物硬石膏。

礦物質成分：鈣、鎂、鋁、鐵、矽、錳、鈦、錫、銅、鉛。

藥理性能：辛、寒。解肌清熱、止渴除煩。

中醫應用：心煩口渴。

★磁石（Magnetite）

來源及形態：多爲菱形十二面或八面體的粒塊狀，具強大磁性的氧化鐵集合體。

礦物質成分：主含四氧化三鐵。

藥理性能：辛、鹹、平。鎮驚安神、潛陽納氣。

中醫應用：頭目眩暈、耳鳴、耳聾、虛喘、驚癇。

★寒水石（Calcitum; Gypsum Rubrum; Gypsum Calcite）

來源及形態：白色或無色透明單斜晶體的硫酸鹽類礦物硬石膏。

礦物質成分：硫酸鈣、矽、鐵、鉀、鈉、鎂、錳、鈦。

藥理性能：辛、鹹、寒。清熱降火、消腫。

中醫應用：積熱煩渴、吐瀉水腫、尿閉、丹毒。

★玄精石（鈣芒硝）（Flake Anhydrite; Glauberite）

來源及形態：爲灰白至青灰色橢圓形、菱形或不規則的片狀石膏礦石。

礦物質成分：主要爲含水硫酸鈣和少量矽酸鹽。

藥理性能：鹹、寒。滋陰降火、軟堅消痰。

中醫應用：壯熱煩渴、頭風、頭痛、目障翳、咽喉生瘡。

★赤石脂（白石脂）（Kaolinite）

來源及形態：紅色或紅白色相間之矽酸鹽類高嶺石。

礦物質成分：矽、鋁、鐵、鉀、鈣、硫、鈉、鈦、錳、鋅、銅、鉛。

藥理性能：甘、平。澀腸、止血、收濕、生肌。

中醫應用：久瀉下痢、便血、脫肛、遺精、下帶、潰瘍不斂。

★褐鐵礦（自然銅）（Limonnized Pyrite; Chalcopyrite）

來源及形態：略呈方塊形之灰褐色黃鐵礦石。

礦物質成分：主要爲二硫化鐵，其次含有鎂、鈣、矽、釩、鈦、錳、鎳、銅、鋅、鉛。

藥理性能：辛、苦、平。散瘀止痛、接骨續筋。

中醫應用：跌打損傷、骨折、血瘀疼痛、瘡瘍、燙傷。

★禹餘糧（**Limonite**）

來源及形態：紅褐色，不規則塊狀氧化鐵類礦石。

礦物質成分：鐵、矽、鉀、鋁、鈣、鎂、磷、錳、硫、砷。

藥理性能：甘、寒。澀腸止血、止咳。

中醫應用：久瀉、久痢、崩漏、帶下、痔漏。

★爐甘石（**Smithsonite**）

來源及形態：表面白色或淺紅色三方晶系，具多數小孔洞的不規則塊狀，含碳酸鹽之含鋅礦石。

礦物質成分：鋅、碳、鎂、鋁、鐵、鈦、錳、鎳、銅、鉛。

藥理性能：甘、溫。去翳、燥濕斂瘡。

中醫應用：目赤障翳、爛弦風眼、皮膚濕瘡、潰瘍久不收口。多爲外用。

★輕粉（**Calomel; Mercurous Chloride**）

來源及形態：以人工昇華法製成的丹劑。主要將水銀、皂礬、食鹽研磨成粉後，鋪於鐵器內嚴封後加熱，待涼後開封所形成的雪花狀結晶。

礦物質成分：氯化亞汞、鈉、鈣、鎂、鐵、鈦、鋁、銅、矽。

藥理性能：辛、冷。解毒、利水、通便。

中醫應用：大小便閉、水腫、腹脹、疥癬、皮膚潰瘍。

★滑石（**Talc**）

來源及形態：白色、淺紅、淺綠等色的矽酸鹽類塊狀滑石。

礦物質成分：矽、鎂、鐵、鈦、錳、鈣、鋁、銅。

藥理性能：甘、寒。清熱、滲濕。

中醫應用：暑熱煩渴、小便不利、水瀉、淋病、水腫、皮膚潰爛。

★陽起石（Actinolite）

來源及形態：具玻璃光澤，呈綠色或灰色的矽酸鹽類礦物透閃石，多呈長柱狀或針狀透明或不透明的晶體。

礦物質成分：主要成分爲二氧化矽、氧化鎂、氧化鈣和氧化亞鐵。

藥理性能：鹹、溫。祛寒散結、溫補命門。

中醫應用：下焦虛寒、腰膝冷痺、男子陽痿、女子宮冷、崩漏。

★鵝管石（櫟珊瑚）（Linnaeus; Galaxea Fascicularis）

來源及形態：枇杷珊瑚科動物叢生盔形珊瑚所分泌的石灰質骨骼，呈稍彎曲的鵝翎管形。

礦物質成分：主要爲硫酸鈣，其次含有矽、鎂、鐵、鋅、銅、鈦、鋁、鎳、錳。

藥理性能：甘、鹹、溫。補肺、定喘、壯陽、通乳。

中醫應用：肺結核、咳嗽氣喘、陽痿、腰膝無力、乳汁不通。

★白堊（Chalk）

來源及形態：灰色具稜角不規則塊狀，含碳酸鈣的矽藻土。

礦物質成分：主要爲碳酸鈣，尙含有鋁、鐵、矽、鎂、鈦、鋅、鉛、銅、鉬、鎢。

藥理性能：甘、平。溫中、澀腸、止血、斂瘡。

中醫應用：瀉痢、吐血、惡瘡。

★綠礬（Melanterite）

來源及形態：爲含水硫酸鹽水綠礬的礦石或化學合成品，綠色半透明或透明粒狀。

礦物質成分：含水硫酸鐵。

藥理性能：酸、澀、涼。殺蟲、化痰、止血、補血、解毒斂瘡。

中醫應用：疳積久痢、便血、血虛、疥癬、口瘡、風眼。

★礜石（Arsenopyrite）

來源及形態：含砷之硫化物的礦石，錫白褐黃具黑色條痕，具有金屬光澤，有毒性。

礦物質成分：爲含砷和鐵之硫化物，並略含少量鈷、銻、銅。

藥理性能：辛、大熱。消冷積、蝕惡肉、殺蟲。

中醫應用：痼冷腹痛、痔瘻息肉、瘡癬。用量極少，多入丸散。

★綠青（Malachite）

來源及形態：綠色多稜角、不規則塊狀的硫化銅礦物孔雀石。

礦物質成分：硫化銅爲主，次含鈣、鐵、鎂、鋁、砷、磷、鈦、錳、鋅、鉛。

藥理性能：酸、寒。鎮驚、吐風痰。

中醫應用：急驚昏迷、風痰壅閉。

★綠鹽（氯鹽）（Cupric Chloride）

來源及形態：爲人工製品，將銅絲浸泡於醋酸和食鹽水中製成綠色顆粒，化學成分主要是氯化銅。

礦物質成分：主含氯化鋁，次含鋅、鎳、釩、錳、鈦、錫、鐵。

藥理性能：鹹、平。退翳、清熱。

中醫應用：眼目生翳，多淚。適宜外用。

★鉛粉（Lead Carbonate）

來源及形態：以人工方法將鉛置於盛稀醋酸的磁鍋上，先製成醋酸鉛，再加入無水碳酸，而形成白色粉末的鹼式碳酸鉛。

礦物質成分：主含鹼式碳酸鉛及微量的鋁、鈣、鎂、鈉、鐵、銅、矽。

藥理性能：甘、辛、寒。消積、解毒、生肌。

中醫應用：疳積、潰瘍、疥癬、癰疽、燙傷。

★白礬（Alumen）

來源及形態：具玻璃樣光澤，無色、透明，由明礬石經加工提煉而成的結晶。

礦物質成分：主含硫酸鋁鉀，次含鈉、鈣、鐵、鎂、矽、銅。

藥理性能：酸、寒。消痰、燥濕、止血、解毒。

中醫應用：肝炎、黃疸、瀉痢、子宮脫垂、白帶。

★朴硝（Mirabilite; Mirabilitum Depuratum）

來源及形態：為無色透明長條狀或顆粒狀結晶，為礦物芒硝經加工而得的結晶體。

礦物質成分：硫酸鈉、鈣、鋁、鎂、鐵、矽、銅。

藥理性能：鹹、寒。瀉熱、潤燥、軟堅。

中醫應用：實熱積滯、腹脹便祕、目赤腫痛、喉痺。

★滑石（Clay Mineral）

來源及形態：單斜晶系，為白雲母的風化黏土，常呈鱗片狀或薄片狀，常具油質光澤。

礦物質成分：矽、鋁、鉀、鈉、鈣、鎂、鋅、鐵、銅、釩、鈦、鉛。

藥理性能：甘、寒。清熱、滲濕、消暑。

中醫應用：暑熱煩渴、小便不利、黃疸、水腫、皮膚濕疹。

★琥珀（煤珀）（Amber）

來源及形態：為古代松科植物樹脂埋藏地下經久凝結而成的碳氫化合物。呈黃色至棕黃色或黑色，半透明的不規則塊狀。燒熱時會散發松香氣，並常有昆蟲遺體嵌入其中。

礦物質成分：主含樹脂、揮發油及琥珀松香酸等有機物。無機成分則有鈣、鎂、鋁、鐵、銅、錫、鎳。

藥理性能：甘、平。鎮驚安神、散瘀止血、利水通淋。

中醫應用：驚風癲癇、驚悸失眠、血淋血尿、小便不通、婦女經閉。

★銀朱（Vermilion）

來源及形態：水銀和硫黃為原料，以昇華法製成的紅色粉末。

礦物質成分：主含硫化汞，次含銅、鎳、鐵、鈣、鋁、矽。

藥理性能：辛、溫。攻毒、燥濕、劫痰。

中醫應用：疥癬惡瘡、痧氣腹痛。

★秋石（Sodium Chloride）

來源及形態：將食鹽加熱熔化後製成的小碗形晶體，白色帶有閃爍亮星。

礦物質成分：氯、鈉、鎂、矽、鐵、鋁、鉀。

藥理性能：鹹、寒。滋陰降火。

中醫應用：咽喉腫痛、噎食反胃、遺精白濁、婦女赤白帶下。

★蛇含石（Pyrite Nodule）

來源及形態：為表面呈黃褐或黃紅色的軸晶黃鐵礦。

礦物質成分：鐵、硫、鈣、鋁、鎂、錳、鎳、釩、錫。

藥理性能：甘、寒。安神鎮驚、止血定痛。

中醫應用：心悸驚癇、血痢、胃痛、骨節酸痛。

★鐘乳石（Stalactite）

來源及形態：為方解石類中的一種乳狀集合體，多為碳酸鹽類鐘乳石礦石，常分布於石灰岩溶洞穴中。

礦物質成分：主含碳酸鈣，次含鎂、鈉、鉀、磷。

藥理性能：甘、溫。溫肺氣、壯元陽、下乳汁。

中醫應用：虛癆寒喘、咳嗽、腰腳冷痹、陽痿、乳汁不下。

★光明鹽（Sodium Chloride Lake Salt）

來源及形態：爲湖鹽的結晶體，呈方形或長方形。

礦物質成分：氯、鈉、鎂、鈣、鉀、鋁、鈦、錳、硼、鎢、矽、鍺、鋰、銅、鎳、硫。

藥理性能：鹹、平。祛風、明目。

中醫應用：食積、脹痛、目赤腫痛、迎風流淚。

★密陀僧（Litharge）

來源及形態：爲加工製成的氧化鉛。原始方法是以鐵棒在高溫熔鉛中旋轉，使熔鉛附著在鐵棒上，取出浸入冷水中，熔鉛冷卻而成氧化鉛。

礦物質成分：鉛、鐵、鈉、鉀、鈣、鎂、鋁、硼、錫、銅、錳。

藥理性能：鹹、辛、平。消腫殺蟲、收斂防腐、墜痰鎮驚。

中醫應用：跌打損傷、驚癇、久痢、潰瘍、濕疹、痔瘡。

★朱砂（Cinnabar）

來源及形態：爲鮮紅色的小形顆粒的天然辰砂礦石。將辰砂礦打碎後篩選出紅色朱砂。

礦物質成分：主含硫化汞，次含鋅、鎂、鈣、砷、錳、鐵、鋁、矽。

藥理性能：甘、涼。定神、定驚、明目、解毒。

中醫應用：癲狂、驚悸、心煩、失眠、眩暈、瘡瘍。

★金箔（Gold）

來源及形態：以人工方式將黃金砸製成極薄的片狀。

礦物質成分：金。

藥理性能：辛、苦、平。鎮驚、安神、解毒。

中醫應用：驚癇、心悸。

★無名異（Pyrolusite）

來源及形態：爲灰黑色具半金屬光澤的氧化物類的軟錳礦石。

礦物質成分：主含二氧化錳，次含鐵、鈷、鎳。

藥理性能：甘、平。祛瘀止痛、消腫生肌。

中醫應用：跌打損傷、金瘡潰腫。

★膽礬（Cupric Sulfate）

來源及形態：銅與硫酸液加熱後乾燥，再以蒸餾水溶和過濾及蒸餾後所析釋出的半透明藍色結晶。

礦物質成分：主含硫酸銅，次含鈉、鈣、鎂、鐵、鎳、鋅、矽。

藥理性能：酸、寒。催吐、祛風、解毒。

中醫應用：口瘡、風痰、喉痺、牙疳、腫毒。

★錫（Cassiterite; Tin）

來源及形態：來自於氧化物礦物錫石。可直接以錫石藥用或從人工煉製出銀白色有金屬光澤的錫。

礦物質成分：錫。

藥理性能：甘、寒。有毒、解砒毒。

中醫應用：惡毒疔瘡、砒霜中毒。

★方解石（Calcite）

來源及形態：爲碳酸鹽類方解石之礦石。大都無色或乳白色或間雜色，具玻璃樣光澤的三方晶系礦石。

礦物質成分：碳酸鈣。

藥理性能：苦、辛、寒。清熱、散結、通血脈。

中醫應用：胸中留熱結氣、黃疸。

★白硇砂（Ammonium Chloride）

來源及形態：爲白色或淡灰色半透明的鹵化類礦物硇砂的晶體。

礦物質成分：主含氯化氨，次含鈉、鉀、矽。

藥理性能：鹹、苦、辛、溫。有毒、消積軟堅、破積散結。

中醫應用：噎膈反胃、痰飲、喉痹、經閉、瘜肉、疣贅、疔瘡、惡瘡。

★白降丹（Mercurous Chloride）

來源及形態：以昇華法製成的白色針狀結晶。主要將雄黃、水銀、食鹽、皀礬等共同研勻，加熱後冷卻而成。

礦物質成分：主含氯化汞，次含微量鈉、鈣、鎂、銅、鐵、鋁。

藥理性能：去腐、解毒、生肌。

中醫應用：惡瘡、疔毒。僅適外用。

★金礞石（Mica-schist）

來源及形態：爲片狀的雲母片的碎粒或石塊，呈黃褐、紅褐、灰黃、灰白等色。

礦物質成分：鉀、鎂、鋁、矽。

藥理性能：鹹、平。墜痰、消食、下氣、平肝。

中醫應用：驚癇、咳嗽喘急，痰涎上壅。

★青礞石（Chlorite Schist）

來源及形態：爲青灰或綠灰色單斜晶系的變質岩綠泥石片岩。

礦物質成分：矽、鋁、鐵、鎂、鈣、鈦、鈉、錳。

藥理性能：鹹、平。墜痰消食、降氣平肝。

中醫應用：頑痰、癲狂、咳嗽、急喘。

★陰起石（Talc Schist）

來源及形態：爲灰白色有滑膩感的矽酸鹽礦石。

礦物質成分：鋁、鎂、鈣、鐵、矽、鈦、錳、鋅、銅釩、鎢。

藥理性能：甘、平。起陰助陽，溫暖子宮。

中醫應用：子宮寒冷、久不受孕、白帶淋漓。

★紫石英（Fluorite; Amethyst）

來源及形態：爲八面體或菱形十二面體的鹵化物類礦物螢石。具有無色、紫、綠、紅、黑、藍、黃綠等色，採得後取選紫色螢石。

礦物質成分：主含氟化鈣，次含氧化鐵、矽、鎂、鈦、錳。

藥理性能：甘、溫。鎮心安神、降逆氣、暖子宮。

中醫應用：虛痨驚悸、咳逆上氣、婦女血海虛寒不孕。

★薑石（Loess Concretion）

來源及形態：灰黃色狀似生薑的黃土塊狀結核體。

礦物質成分：氟、碘、矽、鐵、鋅、銅、錳、鈷、釩、鉻、錫、鎢、硒、鉬。

藥理性能：鹹、寒。降氣、解毒。

中醫應用：產後氣衝、氣噎、疔瘡、腫毒。

★銅綠（Copper Carbonate Lump）

來源及形態：爲人工製成經由黃銅表面經二氧化碳或醋酸作用而生成的綠色鏽衣。

礦物質成分：主含碳酸銅，次含微量的鈉、鈣、鈦、鎳、銀、鐵、鋁、矽。

藥理性能：酸、澀、平。有毒。退翳、斂瘡。

中醫應用：目翳、喉痹、頑癬、惡瘡。

★田玉（Nephrite）

來源及形態：淺綠或乳白色透閃石質、具蠟樣光澤的軟玉。

礦物質成分：鎂、鐵、鋁、鈣、錫、錳、鈦、鋅。

藥理性能：甘、平。潤心肺、清胃熱。

中醫應用：喘氣煩燥、消渴、目翳。

★水銀（Mercury）

來源及形態：主要取自於辰砂礦提煉而出的液態銀灰色金屬，在常溫下爲小珠體。

礦物質成分：汞。

藥理性能：辛、寒。有毒。殺蟲、攻毒。

中醫應用：疥癬、梅毒、惡瘡、痔瘻。

★硝石（Niter）

來源及形態：爲礦物硝石經加工煉製的白色或灰色針狀集合體。

礦物質成分：主要爲硝酸鉀。

藥理性能：苦、鹹、溫。有毒。破堅散積、利尿、解毒消腫。

中醫應用：腹痛、吐瀉、黃疸、淋病、便祕。

★長石（Anhydrite Granular）

來源及形態：爲白、灰、粉色、半透明的硫酸鹽類礦物硬石膏。

礦物質成分：鈣、硫、鎂、鋁、鐵、矽、鈦、錳、硼、銅、鎢。

藥理性能：辛、寒。除煩、清熱、止渴。

中醫應用：熱病壯熱、口渴、小便不利、目赤腫痛。

★紫硇砂（Purple Salt）

來源及形態：爲以食鹽加工的紫色結晶。

礦物質成分：氯、鈉、鉀、鐵、磷、鈦、錳、鈣、鋁、矽、鎳、鋰。

藥理性能：鹹、苦、溫。消積軟堅、破瘀。

中醫應用：噎膈反胃、痰飲、經閉、疣贅、疔瘡、目翳。

17 元素週期表

研究礦物質或微量元素的特性，除研究其在生化方面的價值外，也必須瞭解它們在一般化學和物理方面的特質。而要瞭解其最基本的特性，就須從最基礎的週期表研習起，因為從週期表中可以推測出一般元素的性質，且便於理解和記憶。歷代化學家幾經努力，終於尋找出各元素之間的週期性關係，完成現今廣為引用的週期表。

在週期表中共有七個週期，在表中左邊為金屬元素，右邊為非金屬元素。各元素按原子序由小到大的順序排列，當遇到各元素中的性質相似重現時，即為另一個週期的開始，因此將性質相似的元素排在同一直行中稱之為屬（Family），每一屬又分為A、B兩族（Group）。每一橫列稱為週期（Period），第一週期以後的每週的週期都是從A族的鹼性金屬開始，以後金屬性質則逐漸遞減，而非金屬性質則逐漸遞增，至VⅡA族的鹵素時，非金屬性質最為強烈，最後至VⅢA族則為鈍氣元素。

在第一週期中，僅含氫、氦兩種元素，是爲最短週期；第二和第三週期各含有8種元素，是爲短週期；第四和第五週期各含18種元素，稱之爲長週期；第六週期共含32種元素，稱之爲最長週期；第七週期尚有未發現的元素故稱之爲不完全週期。而所謂的B族元素，其性質並未完全依其原子序的遞增，而做規律性的遞變，因此被稱之爲「過渡元素」（Transition Element）。

在週期表中的ⅢB屬族中，還包括原子序從57到71的鑭系元素，和原子序從89到103的錒系元素，此兩系元素性質頗爲相似，但其各種元素的性質，尚有待更進一步的研究。

依照英國物理學家莫斯萊（H. Moseley）以元素的性質，爲其原子序的週期函數而形成週期律。前述按週期表中每一直行爲屬的元素，性質相似，而每一屬中所含的A族或B族間，性質更爲接近。茲將各族元素簡述於後，以便更容易瞭解其主要特性。

一、鹼族元素

週期表中ⅠA屬族元素，亦即週期表中第一直行元素，係以鋰開始，亦稱爲鋰族元素，或鹼族元素。其中包括有鋰、鈉、鉀、銣、銫、鍅六種元素。此族元素皆爲銀白色之金屬，常溫下均呈固體，金屬的硬度，隨原子序的增加而轉軟；鋰較堅硬，而鈉、鉀則很容易用刀切開。此族元素化學性質極爲活潑，放置在空氣中則立刻與氧化合而成爲氧化物。

二、銅族元素

週期表中ⅠB屬族元素，包括有銅、銀、金，又因此三種金屬元素爲鑄造錢幣的材料，故又稱爲錢幣金屬。其化學性質頗爲安定。

三、鹼土族元素

週期表中ⅡA屬族元素，包括有鈹、鎂、鈣、鍶、鋇及鐳等六種元素。因其化學性質與鹼族元素及土族元素均有相似之處，故稱爲鹼土金屬或鹼土族元素。其熔點、沸點和硬度均隨原子序的增加而遞減。

四、鋅族元素

週期表中第ⅡB屬族元素，包括有鋅、鎘、汞三元素。其中鋅與鎘的性質相似，汞的特性則有歧異之處，鋅族元素與氧的化合力，隨其原子序的增加而遞減，所以氧化汞受熱即起分解，而氧化鋅及氧化鎘則否。

五、鋁族元素

週期表中第ⅢA屬族元素，包括有硼、鋁、鎵、銦、鉈等五種元素，又可稱之爲土族元素或硼－鋁族元素。其中硼的性質與同族鋁並不相似，反而與ⅣA族的矽相近。

六、錫族元素

週期表中第ⅣA屬族元素，包括有碳、矽、鍺、錫、鉛等五種元素，又可稱爲碳族元素。其中碳和矽是非金屬；而鍺、錫、鉛三元素的原子愈大，其金屬性愈強；鍺則介乎金屬與非金屬之間，爲「兩性元素」；錫與鉛的金屬性雖較強，但尚能形成錫酸鹽和鉛酸鹽，因此在週期表內被列爲「非金屬」。

七、鈦族元素

週期表中第ⅣB屬族元素，包括有鈦、鋯、鉿、鑪四元素。此外釷元素雖屬錒系元素，但是其性質與鈦族元素頗爲相同，所以通常將釷當作鈦族的一個元素來研究。鈦族元素在低溫下無反應，但在高溫時則立即與一般非金屬化合，其熔點高，抗腐蝕力強。

八、氮族元素

週期表中第ⅤA屬族元素，包括有氮、磷、砷、銻、鉍五種非金屬，其中氮和磷大量存在於土壤中，是動、植物最重要的養分結構元素。

九、釩族元素

週期表中第ⅤB屬族元素，包括有釩、鈮、鉭、鉳等元素，且均為高熔點金屬，其中釩約占地殼的0.017%，多以釩鉛礦或硫釩礦形式存在；而鈮和鉭的性質相近，多年來人們均以為是同一元素。

十、鉻族元素

週期表中第VIB屬族元素，包括有鉻、鉬、鎢三種元素。此族元素的熔點很高，且韌性頗強。鉻常以二、三、六價而成化合物；鉬、鎢則以二、三、四、五、六價而成化合物。

十一、氧族元素

週期表中第VIA屬族元素，包括有氧、硫、硒、碲、釙五種元素，均為非金屬且性質活潑，常與金屬或其他物質形成氧化物。

十二、錳族元素

週期表中第VIIB屬族元素，包括有錳、鎝、錸三種元素，性質相似，唯錸為放射性元素以微量存在於鉬、錳、鉬等礦石中，此三種元素均屬過渡元素。

十三、鹵族元素

週期表中第VIIA屬族元素，包括有氟、氯、溴、碘、鉅五種元素，其化學性質相似，又統稱為「鹵素」（Halogen）。鹵素的西文名稱是從希臘字演變而來，其意義爲「造鹽者」。鉅爲放射性元素，是天然放射性元素鈾蛻變系列的中間產物，極爲罕見且不安定，其他鹵素藏量都很豐富。鹵族元素的電負度都很高，性質活潑，與其他元素化合能力很強，因此沒有游離狀態存在，而多以化合物狀態廣布於地殼及地表水中。鹵素的化合物多易溶於水，因此在陸地上的鹵化合物，經常溶於水後匯集到海洋或內陸鹽湖中。鹵素的物理性質，隨著原子序的增加，做規則性的變化，例如其顏色依次加深，熔點和沸點也依次遞升，而電負度則依次遞減。

十四、鐵族元素

週期表中第ⅦB屬族元素中的鐵、鈷、鎳被列爲同一組元素，因爲它們不但熔點、沸點極爲相近，同時其化學性質也頗爲類似，所以視爲同一組的鐵族元素。

十五、鉑族元素

週期表中第ⅦB屬族元素，包括有釕、銠、鈀、鋨、銥、鉑等，總稱爲鉑族元素，因爲它們的化學性質和物理性質都很相近，因此被分在同一組。

十六、惰性氣體

週期表中第A屬族元素，包括有氦、氖、氬、氪、氙、氡六種元素，均爲氣體形式，且爲不易燃的「惰性氣體」。

當生化學家、營養學者以及醫學界正逐漸重視礦物質、微量元素與人體健康、預防疾病的關聯，當以週期表中各元素間的關係和變化，來預測尚未被充分瞭解的微量元素對生物的影響以及各元素之間相互抗拮的關聯性等，相信在二十一世紀科技發展迅速的環境下，微量元素的保健功能必能展開新的紀元。

元素週期表

固態	液態	化學元素週期表	氣態	人造元素

I A	II A	III B	IV B	V B	VI B	VII B		V III		I B	II B	III A	IV A	V A	VI A	VII A	0
1 H 氫																	2 He 氦
3 Li 鋰	4 Be 鈹											5 B 硼	6 C 碳	7 N 氮	8 O 氧	9 F 氟	10 Ne 氖
11 Na 鈉	12 Mg 鎂											13 Al 鋁	14 Si 矽	15 P 磷	16 S 硫	17 Cl 氯	18 Ar 氬
19 K 鉀	20 Ca 鈣	21 Sc 鈧	22 Ti 鈦	23 V 釩	24 Cr 鉻	25 Mn 錳	26 Fe 鐵	27 Co 鈷	28 Ni 鎳	29 Cu 銅	30 Zn 鋅	31 Ga 鎵	32 Ge 鍺	33 As 砷	34 Se 硒	35 Br 溴	36 Kr 氪
37 Rb 銣	38 Sr 鍶	39 Y 釔	40 Ze 鋯	41 Nb 鈮	42 Mo 鉬	43 Tc 鎝	44 Ru 釕	45 Rh 銠	46 Pb 鈀	47 Ag 銀	48 Cd 鎘	49 In 銦	50 Sn 錫	51 Sb 銻	52 Te 碲	53 I 碘	54 Xe 氙
55 Cs 銫	56 Ba 鋇	57- La 鑭系	72 Hf 鉿	73 Ta 鉭	74 W 鎢	75 Re 錸	76 Os 鋨	77 Ir 銥	78 Pt 鉑	79 Au 金	80 Hg 汞	81 Ti 鉈	82 Pb 鉛	83 Bi 鉍	84 Po 釙	85 At 鉅	86 Rn 氡
87 Fr 鍅	88 Ra 鐳	89- Ac 錒系	104 Rh 鑪	105 Db 鉳	106 Sg 饎	107 Eh 鈹	108 Hs 鏍	109 Mt 鎄	110 Ds 鐽	111 Rg 錀	112 Cn 鎶	113 Uut	114 Uuq	115 Uuq	116 Uuh	117 Uus	118 Uuo

鑭系元素	57 La 鑭	58 Ce 鈰	59 Pr 鐠	60 Nd 釹	61 Pn 鉕	62 Sm 釤	63 Eu 銪	64 Gd 釓	65 Tb 鋱	66 Dy 鏑	67 Ho 鈥	68 Er 鉺	69 Tm 銩	70 Yb 鐿	71 Lu 鎦
錒系元素	89 Ac 錒	90 Th 釷	91 Pa 鏷	92 U 鈾	93 Np 錼	94 Pu 鈈	95 An 鋂	96 Cm 鋦	97 Bk 鉳	98 Cf 鉲	99 En 鑀	100 Fm 鐨	101 Md 鍆	102 Md 鍩	103 Lr 鐒

第三篇

海洋與礦物質

18 生命之始來自海洋

一、由演化論看生命起源

在太陽系中，地球是唯一含水的行星。地球的誕生距今約有四十六億年之久，根據推算，生命的誕生約在三十五億年前，而最原始的生命現象則起始於海洋中。歷經三十多億年的長期演化，原始生物逐漸由海洋發展到陸地，由原生單細胞類，演化至多細胞類，由魚類、甲殼類、兩棲類，演化至爬蟲類、鳥類，進而演化至哺乳類動物和人類的祖先。哺乳類演化的過程大約是二至三億年前。簡言之，人類的祖先生活在海洋中的時間比在陸地上要長得多。

地球的表面，四分之三是海洋（約三億六千一百萬平方公里），從太空遙望地球，可以清楚的觀察到：地球是藍綠色的，也就是海洋的顏色，並且具有像棉絮狀雲圍繞在外圍的一個水球。海洋是地球孕育生命的母體，如您所見，「海」字即是以水爲部首，加上「人」及「母」所組成，中國造字果眞富含深意。

地球表面的水分約98%爲海水，其餘是冰、內陸水和空氣中的雲。海水具有鹹味，是因爲海水中含有大量的鹽類。目前海水的含鹽量以一公斤的海水中含有35公克的鹽爲基準，並且以35‰或35ppt表示。原始形成的海洋所含的鹽類比現在的海洋要少很多，主要原因是因爲由海面蒸發的水形成雲後變成雨，而雨水經陸地時將陸地上的礦物質溶出，聚集成河川而流入大海，如此反覆運轉，使海水逐漸變濃，而形成今日的海水。而各地海水所含的成分，因其他地區氣候及深度以及海流、風向等不同的關係，差別很大。

海水中所含鹽類的總量約爲32×10^{18}噸，若全部沉澱結晶而形成鹽層，則可形成一層厚約150呎的鹽層，覆蓋於地球的表面。

海水中除了含有鹽類之外，尙含有碳和氧。其中碳是由海洋動物呼吸而來，並且部分爲海水中植物吸收，而海水中的氧氣乃來自於空氣，海水漸深，含氧量也相繼減低。

在礦物質豐富、氣溫適中的淺海地區，各種大自然能量的注入，溶於水中的二氧化碳、氮和礦物質，產生化學變化後，由無機形態，演化成爲有機物質，有機物質經由日光和各種磁場能量

海洋及鹽湖的平均含鹽量

海洋		附屬海		鹽水湖	
太平洋	大西洋	地中海	裏海	死海	大鹽海
3.49%	3.54%	3.9%	6.0%	23%	27%

的相輔作用，孕育出具有生命的原生物。這類原生物從單細胞演化成多細胞生物，歷經幾十億年不斷地演化，形成現今的植物和動物。

科學家們努力不懈地追溯生命的「起始點」，並從這些千奇萬變的動、植物中找到共通點，那就是——在動、植物的基礎結構中，植物所含的葉綠素和動物所含的血紅素成分，和海水的成分相似，並且其中所含各種礦物質和稀有礦物質也與海水中所含的比例幾近一致，由此，可證明生命之始，與海水有絕對性的關聯。

二、海洋中的礦物質是構成生命的原料和催化劑

當海洋中充滿礦物質，而大氣中也充滿甲烷、硫化氫、氨等氣體時，當這些物質一起溶入水中，在宇宙射線能量的作用下，透過生命元素「礦物質」的催化，形成有機物，進而演化成最初的單細胞微生物，達成生命的突變現象。

在演化論中，最重要的現象就是吸收和利用光的能量，經由空氣和水中的二氧化碳產生碳水化合物（Carbohydrates），並且釋放出氧氣，這個吡咯環（Pyrrole Rings）原始細胞就是葉綠素（Chlorophyll），葉綠素的中心含有鎂元素，它可以漸進方式移動至良好且有利的生長環境中，而其嗜熱性，可吸收能量、維持生命。同樣的，有些原始生物開始移向較冷的地帶，並且在不同的環境中，把二氧化碳還原成氧氣，以適合動物的生長。也就是說，原始生物逐漸演化成植物，它們能透過光合作用吸收二氧化

碳，放出氧氣。植物覆蓋了地球，使大氣含有充分的氧氣，形成地球的「生物圈」。幾十億年前，在原始海洋中生活的一種無脊椎動物——蠕蟲，以海水中具有高氧化作用的鐵製成血紅蛋白，而後逐漸由海洋爬上陸地，演化成地球上的高等動物和人類的祖先。以現代的比對法生物科技中發現，人類與蠕蟲的核醣核酸具有相近的遺傳基因結構，因而證實演化的起始點就是——海洋。

三、鈣與生物的演化

生命最先起自海洋，然後逐漸進駐陸地。其中最值得注意的改變，就是鈣與生物演進的關係。觀察生物演化的過程要從「演化論」說起，最先的生物應該從單細胞生物開始，由藻類演化至腔腸動物的珊瑚蟲，珊瑚蟲從海水中吸收鈣並且逐漸累積，成為枝狀鈣樹的珊瑚礁。

由珊瑚蟲等腔腸動物逐漸演化成為貝類的軟體動物。貝類在此階段演化至具有硬殼的鈣質貝殼。貝類與珊瑚類不同之處，在於珊瑚無法移動，而貝類可以在海沙中緩慢移動。

由貝類演化至烏賊類，在此階段，其鈣由體外演化至進入體內，但只是一根無分化的鈣骨片。烏賊類稍能自由的在海水中游動。

由軟體動物演化至魚類，在此階段，其鈣演化成有組織化的骨骼和魚鱗，並且能自由的在海水中游動。

從魚類再演化成能在陸地上生活的兩棲爬蟲類，而後再演化至其他獸類，包括後期的猩猩類。在此階段，動物體內的鈣以頭骨為前端，再以脊椎、四肢等強大而系統的骨骼組織，並且能在陸地上自由行走。人類是生物演化中最後的階段，從包容腦部的頭蓋骨及脊椎、胸骨及手腳的骨架，骨骼的組織更為系統化，同時對鈣的運用不只用在骨骼上，更進一步為控制生理功能的主要元素之一。

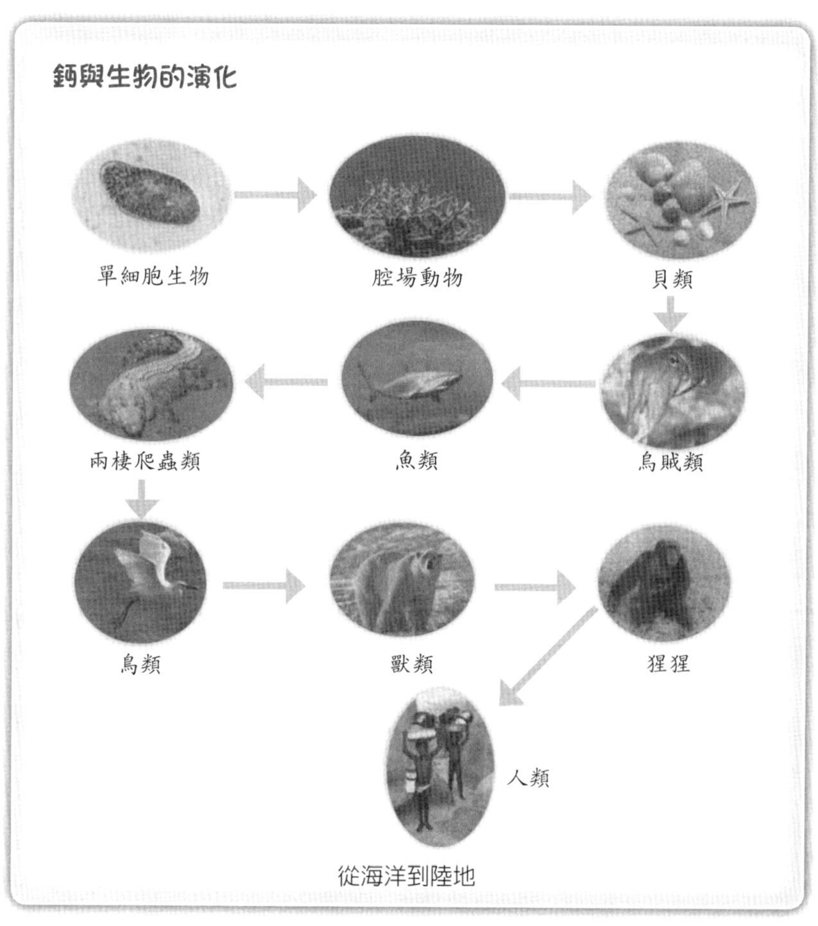

從海洋到陸地

因此，追溯經過數億年生命演化的過程，也可稱爲是鈣在生物體演化的過程。礦物質鈣是生命演化的主要關鍵物質。

四、人類體液與海水相似

由於生物演化源自海洋，因此人類的血液和淋巴液與海水成分十分相似。同時，人類和其他哺乳類動物體液的滲透壓（以細胞膜爲交界，濃度較低液體會流向濃度較高液體的流體壓力），也與海水的滲透壓雷同。

包括人類在內，所有生活在水中或是陸地上的動物，其身體內都擁有類似海洋成分的體液。人類胚胎期母體內的羊水，其成分礦物質含量與海水相近，例如，羊水中鈉的含量占91.0%，海水中鈉的含量占83.7%；羊水中鉀的含量占6.0%，海水中鉀的含量占3.0%；羊水中鈣的含量占2.3%，海水中鈣的含量占3.2%。同時海水中主要化學成分與人類血液中的化學成分也極爲相似。從以上數據再度證明，人類和哺乳類動物體內猶如一片大海。

世界著名環保學家瑞秋・卡森（Rachel L. Carson）在其著作《環繞我們的海洋》（*The Sea Around Us*）中就明確地提到：「魚、兩棲動物、爬蟲類、溫血動物的鳥類及人類，其體內的管腺系統中均含有各種礦物鹽分，其比例類似海水的成分。我們古代的老祖宗，從單細胞生物演化而成的循環系統，也就是循環著海水和其中的礦物質元素。同樣的，動物和人類骨骼內所含的石灰質成分也是淵源自寒武時代中高濃度的鈣質而形成的。」

最初期的原生物，可能只是類似DNA團塊的生命源體，也可能是以近似圓形的形態漂浮在海水中，其四周都由海水包圍著，經過長期演化後，逐漸形成堅固的細胞壁或細胞膜覆蓋加以保護，防止細胞瞬間流失水分，因此，當這類細胞由海洋登陸到地面上時，也不至於乾枯而死。如此看來，植物的細胞壁和動物的細胞膜內的確爲海水所充滿。

五、海洋中的礦物質是逐漸形成的

生物之始來自海洋，生物的體液與海水中礦物質極爲相似，此理論又可依據美國農業部農業研究處連同格蘭福克人類學研究中心（U. S. Department of Agriculture, Agricultural Research Service, Grand Forks Human Nutrition Research Center），於西元2000年3月所發表的一篇特別報導加以解說。其中針對特殊礦物質在生命演化過程中所經過的演變過程，衍生出相當具公信力的推論。

該學說指出，世界上所有的實體皆由元素所組成。依據科學家推測，大約在一百二十億年前的一次大爆裂後產生宇宙初體，而最早存在的只有氫元素，經過近百億年的熱核反應，才逐漸出現目前週期表上的所有元素。宇宙在熱核反應中不斷膨脹和冷卻，漸漸形成太陽系和地球。地球逐漸演化，出現水、陸地和海洋。最初的海洋除含有氫和氧外，其他元素含量非常少。地球表面歷經陽光、大風、雷電、雨水的侵蝕作用，岩石漸被風化溶解，大量元素逐漸移入至海洋中，造就遠古時期的海洋蘊含豐富的礦物質和強大的能量，因此，在地熱帶靠近沿岸沉積物處，逐漸形成「原始的生命力」。

至目前爲止，人們從海水中找到最原始的無脊生物，其體內組織液的成分與海水非常相似。在「演化論」中述及生命之始應源自海灣的淺流區，因淺海區或沉積的水窪含有豐富的磷酸鹽和礦物質。原生物體內即包含碳、氮、硫和磷等礦物質，但又爲什麼現代的生物需要多量的鐵而海水中鐵的含量並不高？可能原因是，當生命形成初期，地球表面並未有太多氧化現象存在，所以當時生物體內不需要大量的鐵。

海水中最多的元素爲氫、氯、鈉、鉀，而生物體中含量最多、最重要的元素也是氫、氯、鈉、鉀。此外，錳、鈣在海水中的比例也和生物體中的含量比例相同。

綜合上述，我們幾可確認第一個有機形體的生命應該出自含有礦物質的水中，並藉此獲得既突出又完整的各種催化功能。而此富含礦物質的水也就是——遠古的大海。

19 陸地動物所需的礦物質因環境而改變

一、礦物質的需要採取「優者生存，劣者淘汰」的法則

雖然海水中的各種元素其對古代早期的動物和植物的重要性，一直延續到現代，但是一般元素，尤其是稀有礦物質，卻因為動物遷移至不同的環境後，所需要的量也稍有改變。

在演化過程中，動物為適應不同環境，逐漸形成半滲透性的細胞膜，同時也形成封閉式的循環系統和排泄系統，用以回收所需要的必須元素和排除多餘或有毒的物質。在此演化過程中，從具有相同作用的各種元素之間，採取「優者生存，劣者淘汰」的法則，選擇其所需要的礦物質，以發揮延續生命的特質。

舉例而言，鎳和鈷在古生物時期被認為是重要的催化元素，因為古生物時期周圍環繞的氣體多為氫、氨、甲烷和硫化氫，而該時期，鎳對這類氣體而言是最佳的催化劑，它可提供足夠的能量促使氫和一氧化碳產生氧化還原作用。然而，當大氣層逐漸為

氮、氧和二氧化碳取代之後，生物就必須尋求更佳的氧化還原催化元素，因此就捨棄鈷和鎳兩元素而以銅、鐵和鋅取而代之。

雖然鎳和鈷還是具有許多酵素體的功效，但不如以銅、鐵作爲催化劑般顯著。由此可知，演化過程中，生物會自然而然地選擇對它有利的元素，而鎳和鈷在現今的生物價值上，就遠不如古生物時期重要了。此外，以攜氧功能爲例，古代的生物大都以銅來攜帶氧，以進行氧化作用，但是銅的攜氧功能僅有鐵的一半，因此在高等動物的血液中，主要以鐵作爲攜氧工具，而選擇銅的軟體動物和選擇釩爲攜氧元素的海鞘，由於載氧功率低，影響演化速率，至今仍保持著原來的特性，無法再演化。

二、陸地上生物所需的礦物質元素必須配合土壤的成分

從魚類演化到兩棲類和爬蟲類大約需要二十五億年，其演化的區域多半在淺海區或是與海相會的河川及沼澤地帶。當第一批爬蟲類登上陸地時，受到環境變遷的巨大改變，其體內的各種礦物質原本取自於海水的特性必須重新調整，以適應地殼土壤中的礦物質，但土壤中某些元素非常充裕，某些元素卻又非常匱乏，例如，土壤中的鋅、銅、鐵和錳的含量充沛，而鈷、鉬、氟、硼的分配區域卻相當不平均，因此，爲了生存，這些陸地上的新生物，不但要設法儲存所需的必要元素，同時還要排除過量的必要元素，因爲必要元素在體內過多，反而會成爲有害的毒素。因此，生物體內敏銳的平衡作用，自此逐漸開始形成，對礦物質的需求量也逐漸演化至與體內達成協調的濃度。

20 人體之體液中的礦物質需保持平衡狀態

一、人體需借助食物來補充礦物質

人類離開其衍生地——海洋，已經相當久遠了，然而，嚴格有序的遺傳基因卻代代相傳至今。

經現代高科技的檢測，我們得知人類和哺乳類動物的血液與海洋中各種元素的含量雖然不盡相同，但其元素間的比例卻十分接近。由於陸地元素的含量與海洋不同，動物們為求生存，因此需要額外補充某些礦物質。其中最好的例證之一，就是人類對鈉的需求量，鈉鹽是一種易溶於水的化合物，遠古時期就因為雨水的沖刷，由陸地轉入海洋，在海洋中含量甚多，因此影響至日後演化的動物體內對鈉的需要量亦相當的大；但現今陸地上的糧食、蔬菜和淡水等並不能提供足夠的鈉，所以人們通常都會在食物中添加食鹽（氯化鈉），除增加口感外，也可提供身體所需的鈉離子，以確保體液的平衡。

二、人體利用吸收和排泄以維持體液礦物質的平衡

生物體內各種礦物質和其他元素若要達到最適量的平衡狀態，就需進行吸收、儲存和排除三大作用。

礦物質的吸收主要經過消化管道，具正電價的陽離子，例如鐵、錳、銅等的需要量在其經過消化腸道進行吸收時，會由腸道加以控制，如果這些稀有礦物質在體內含量過低而需要補充時，則其在腸道中的吸收率就會增加；相反的，體內如已有充足的某類礦物質，則其在腸道內的吸收率就會降低。稀有礦物質若是以負電價的負離子形態存在，例如，砷、硼、氟等，在一般情況下，在腸道是會被完全吸收的。過多的礦物質則會經由尿液、膽汁、汗液和呼吸排出體外。

身體中必要的礦物質，以電解質形態存在，如，鎂、鈣、鈉等，在體液中的平衡，有賴吸收和排泄作用，同時也會以非電解質形態穩定地儲存於體內，以備不時之需，例如，鈣和氟儲存於骨骼中；鐵以鐵蛋白形態儲存於腸、肝、脾內（約有20%以上的鐵就是以此種化合物形態儲存在身體內）；當其在各組織內的含量不足時，就會被釋放出來，以維持各組織的體液平衡。

三、對人類有毒的礦物質其在海水中的含量極低

我們常將礦物質分類爲必要性的重要元素和非必要性的次要元素。此種分類，多以礦物質的生理功能爲基準。另外，所謂的「毒性礦物質」即指某些特有的礦物質，則經常遊走於「營養物

質」亦或是「毒性物質」的邊緣界定。其實，不論何種礦物質，只要被人體大量吸收，皆具有「毒性」，因此，礦物質有毒與否乃依其用量而定，劑量正確即爲良藥，劑量錯誤則成毒劑。而礦物質必要性與非必要性的區別，及毒性高低的差異，其依據就在於生物形成時的原始環境中各種礦物質的含量多寡而定。

礦物質無論是必要性礦物質亦或是非必要性的礦物質，只要其在生物體內的平衡遭破壞，就會產生中毒的現象。

各類礦物質在身體體液內所含的比例，若與海水相似，則不會產生中毒現象。以砷和汞爲例，在海水中，砷的含量爲3μg/L，而汞在海水中的含量爲0.03μg/L，此在海水中，砷含量比汞含量多出一百倍。這也就是爲什麼砷可以誘發某些耐熱的蛋白質，在低量時對生物體是必要的有利元素，但砷在其他功能上的作用有限，並未能維持體液平衡中占有必要性。一般來說，砷可算是非毒性元素，原因爲原生物在海洋時期，已經適應砷的存在，其中方法之一就是將作用劇烈、無機形態的砷轉化成無毒、甲基形態的砷，這種機能即使是包括人類的高等動物也還繼續存在，並且經轉化而成無毒甲基形態的砷，可經由腎臟排出體外。相反的，由於汞在海水中的含量很低，自低等生物演化至高等動物時，無法針對汞發展出有效的防禦機能，因此相對而言，汞的毒性也較強。

一般而論，以演化論爲原則，所謂對人類有毒性的元素應該是那些在海水中含量低的非必要元素。因此，在海水中含量少的鎘、汞、鋁等常被認爲是有劇毒性的。但是以鉛而論，它在海水中的含量爲4μg/L，但是卻被認爲有劇毒性，其原因爲何？其實鉛在海水中的含量和鐵、鎳、釩、砷相近，它在生理作用上，也有特定的功能，只是人類在現今的環境中，吸取了過量的鉛，因此造成了鉛無法順利排出體外，而產生鉛中毒。在現今的環境中，鉛的汙染源實在太多，包括含鉛的玻璃器皿、含鉛水管、含鉛的油漆、含鉛的化妝品以及含鉛的汽油等，都遠遠超過我們身體所能負擔的量。

21 孕育奧祕生命的海水成分

人體內含有七十餘種的礦物質，且與海水的成分相當接近，而且人體中的血液和體液中的各種礦物質比例，也和海水中的礦物質比例十分相近。並從演化論的觀點，生命起源自海洋，也就是海洋中所含的各種元素造就了生命。

任何一種礦物質和稀有礦物質，都可能對人體產生不可預知的影響力，人體依賴這些元素維持生命。在海水中至少已經發現了七十多種礦物質，這些豐富的天然元素，確實能滿足人體的生理需要。若自世界各大海洋採樣，運用精確的化學分析，將會發現各處海水之溶解鹽的濃度，各不相同，但是其中所含的各類元素相互間之比例，則恆爲一常數。茲將海水中所含的主要化學元素和礦物質，臚列於下：

氧　含量最多，除了少量氧氣溶於海水中，以提供海洋生物進行呼吸作用外，主要的氧和氫結合成H_2O的水分子。

氫　兩個氫原子和一個氧原子結合成水，形成大海的主要化合物，並且能使其他礦物質，溶解在其中。

氯　含量僅次於氧和氫，為食鹽的主要成分之一。

鈉　鈉與氯結合形成氯化鈉，是食鹽的主要成分。

鎂　在海水中含量極為穩定，粗製的食鹽中含有氯化鎂和硫酸鎂，也是海水苦味的來源。

硫　在海水中以硫酸根離子狀態存在。多存在於海水中停滯的海底，例如黑海等地含量較多。部分硫酸根可還原成硫離子。

鈣　為組成海洋生物骨架和硬殼的主要成分，且以氯化鈉、硫酸鈣、碳酸鈣或離子鈣的形式存在於海水中。

鉀　海藻常攝取海水中的鉀，而河水的注入常可提供補充。

溴　含量甚小，但其與氯約以0.0034的比例，存在於海水中。

碳　以碳酸鹽形態存在海水中，海洋中生物的有機體主要以碳氫根為主。

鍶　海藻中均含有鍶的成分。海水中鍶與氯之比，約為0.0005。

硼　在海水中多以硼酸狀態存在。

矽　海洋生物中多含有少量的矽，矽常以離子形態存在海水中。

氟　含量雖少，但和氯成為均衡的定比。

其他礦物質多以離子化的形態存在於海水中，包括有：氬、氮、鋰、銣、磷、碘、鋇、鋁、鐵、鑌、鉬、鋅、鎳、砷、銅、鈷、硒、鉻、鎵、錫、錳、釩、鈦等元素。

22 海水中的礦物質呈離子化

一、海水中的礦物質具親水性

海水中的礦物質具親水性，也就是呈現所謂離子化的形態，而生物體所能運用的礦物質，也必須是具親水性的離子。例如，在地殼土壤中，鋁的含量遠大於硼的含量，但是對於生物的生理功效而言，鋁則遠不如硼，那是因爲硼是親水性礦物質。同理，海水中大量的碳其對於生物的生理功能，遠比地殼中大量的矽重要得多。

海水中的礦物質，是以離子化的形態存在於海水中，因此具有導電性，當它們進入人體內後，可立刻被吸收利用。在炎熱的氣溫下，尤其是在夏天氣溫超過34℃的高溫下工作，或是做劇烈運動時經常因爲流汗過多，使得身體內的水分和電解性礦物質大量流失，引起中暑和心臟病突發，如不緊急救治，可能導致死亡。

二、稀釋的海水是最佳的運動飲料

身體流汗時，體內重要的電解質就隨著汗液排出體外。台灣體育界曾針對三十名足球球員的流汗情形做過詳盡的試驗，同時，台灣的科學研究員也曾就一百名高中生做過類似的試驗：讓他們每天運動一小時，連續八天後，發現他們平均失去1,896mg的鈉，248mg的鉀，20mg的鈣。由試驗可知，運動和流汗後，必須適量補充電解質和礦物質，以維持體液的平衡。

運動醫學的醫生們特別強調，除了因運動而流失的水分需要立刻補充外，也必須同時補充所流失的電解質，其中以鈉和鉀最需要補充，而一般運動飲料多含有鈉與鉀。雖然一般的水也可以即時補充失去的水分，但是如果飲水中能含有鈉，則鈉離子可使體內的液體保留較長的時間，使脫水現象恢復得更快。

此外，鉀離子也是重要的陽離子，它可以維持人體體液正常的pH酸鹼值。海水含有各種人體生理所需的礦物質，除了鈉與鉀之外，尙含有鎂、鈣等七十餘種以上的礦物質，且以離子化形態溶解於水中，可以迅速爲人體吸收，因此稀釋的海水，可說是最佳的運動飲料。

三、離子化礦物質是維持生命的重要元素

★何謂「離子」

前述曾一再強調，海水中的礦物質是以離子化形態存在的，

並且與人體體液中所含礦物質成分的比例非常相似。究竟離子化礦物質是什麼？也就是說什麼是離子呢？雖然讀者們可能在學生時代的物理或化學課就曾學習過，但在此還是以最簡單的方式簡述如下，作爲參考。

在礦物質或其他元素中，由於其原子含有爲數相同的電子和質子，所以其淨電荷爲中性。但是，如果原子失去一個或多個電子，或原子獲得一個或多個電子時，就會使該原子的淨電荷產生變化，這時候原子就變成離子（Ions）。舉例來說，如果鈉原子原來應有11個電子，如果失去一個電子，也就是說只含有10個電子的話，其淨電荷就變成了＋1，其表示法爲Na^{+}，也就是說，鈉離子的質子數仍爲11，但是電子數不是11而是只有10。此外，有的原子則會得到一個電子，例如，氯原子，它原來具有17個質子和17個電子，但是如果它多得到一個電子，其淨電荷則變成－1，形成了所謂的氯離子，其表示法爲$C1^{-}$。當原子得到或失去一個以上的電子時，其淨電荷的絕對值就會超過一個以上，例如，鈣，失去兩個電子，形成兩價的鈣離子（Ca^{2+}）。

由於離子溶解在水中時具有導電的能力，因此又稱爲電解質（Electrolytes），因爲它們帶有電荷，所以離子溶液會傳導電流。氫原子和大多數金屬原子很容易形成離子，而大多數原子獲得或失去的電子數目大多是一定的，因此其形成的離子形態也具有一定性的形態。淨電荷爲正的離子，也就是失去電子的原子稱爲陽離子（Cation），一般金屬均爲陽離子；淨電荷爲負的離子，也就是獲得電子的原子稱爲陰離子（Anion），形成離子的過程就稱爲離子化（Ionization）。

當然，一般無機或有機化合物溶解於水中時，就形成所謂的溶液（Solution），其中水則被稱爲溶劑（Solvent）而被溶解的化合物就被稱爲溶質（Solute），大多數無機化合物在液體水中會進行離子化或解離（Dissociation），在此過程中，水分子能解開離子鍵，產生陽離子與陰離子之混合，因此含有離子（電解質）的水帶有電荷，能傳導電流。

人體中重要的電解質包括鈉離子（Na^+）、鉀離子（K^+）、鈣離子（Ca^{2+}）、鋅離子（Zn^{2+}）、氫離子（H^+）、氯離子（$C1^-$）、碳酸離子（CO_3^{-2}）、磷酸離子（PO_4^{-3}）、硒酸離子（SeO_3^{-2}）等。

★人體需要離子化礦物質以產生電能

礦物質只有在兩種形態下能夠導電，其一是熔合，例如，銅絲能導電；其二即爲溶於水後，形成離子，而人體僅能利用離子化的礦物質來產生「生物電能」。人體中八十多種不同的離子其個別的功能，以目前的科學方法，尙無法完全瞭解，但是許多重要的生理機能，皆需要不同的離子參與，像在體液與細胞膜之間相互滲透運作。例如，人體的肌肉收縮和神經傳導，就有賴於鈉離子和鉀離子經由細胞的滲透膜傳送而產生；而鈣離子不但在肌肉收縮中占有重要的地位，同時能調節毛細血管和細胞膜之間的滲透壓，調節凝血功能。

顯示出以電測試器放入自來水中，因缺乏電解質而不能導電，因此燈泡不亮。

離子化礦物質具電解性，具有導電功能，圖為只需加入數滴除去氯化鈉的鹽滷在自來水中，即有導電能力，使燈泡發亮。

四、電解質在人體內的主要功能

我們已經知道，離子就是電解質。想要維持身體功能正常，確保身體健康就必須維持體內離子的均衡，若是體內礦物質和稀有礦物質的含量比率有所改變，疾病就會產生，其主要原因，就在於離子化的礦物質於體內之吸收與滲透作用的不協調。

美國麻省理工學院的兩位生化專家，羅森伯格博士（Dr. Rosenberg）和所羅門博士（Dr. Solomons）曾指出，食物中的礦物質通常都是與蛋白質互相組合的，或是與其他食物，例如碳水化合物或是脂肪等有機分子互相混合，經過一連串、自發性的步驟，如咀嚼、溶解、消化等吸收過程中的前置作業準備，其最終的目的就是將礦物質分解成離子狀態，以便吸收利用。也就是說，礦物質必須先經離子化，才能被腸道吸收，或是從細胞膜中滲透至組織液，才能產生生理功能。因此，我們需要胃液中胃酸的作用，才能將礦物質從我們的食物中析解出來，但是當食物進入含有大量鹼性液的小腸後，可能又會大量降低某些礦物質的吸收率。所以，我們所食用礦物質的形態，是非常重要的，已經呈現離子化的礦物質，不必經消化過程，就能直接被吸收，但其中陰離子和陽離子的比例一定要平衡，才能達到各項生理功能之效果。

有關主要的陽離子和陰離子在人體的作用，簡述於下表。

電解質對人體的功能

離子型態	類型	對人體的功能
陰離子（－）	碳酸氫鹽	中和胃液；維持體內的酸鹼平衡
	磷酸鹽	維持細胞膜的結構；協助骨齒成長；平衡酸鹼值；協助蛋白質代謝
	硫酸鹽	骨齒形成的必要成分，協調免疫機能
	氯化物	胃酸（鹽酸）的主要成分；維持酸鹼平衡；維持體內水分的平衡
陽離子（＋）	氫	胃酸（鹽酸）的主要成分；維持酸鹼平衡
	鈣	協助神經傳導；傳遞訊息至心肌；協助肌肉收縮；調節血液凝結；骨齒的主要成分
	鎂	協助神經傳導；調節肌肉運作；協助蛋白質代謝；活化五百種以上的酵素功能；有助骨齒的形成
	鈉	協助神經傳導；協調肌肉伸張；維持酸鹼平衡及身體水分的平衡
	鉀	協助神經的傳導；協調肌肉收縮；維持酸鹼平衡及身體水分的平衡
	鐵	協助血紅素的攜氧功能

23 海水稀釋後就是最好的點滴液

依據科學分析證實，人體的體液、血清和羊水的成分與海水的成分非常相似，然而海水因爲經過數十億年的蒸發，濃度漸濃，約爲人類體液濃度的3.5～4倍。英國的生理學家林格（Sidney Ringer）博士，曾經做過一項著名的生理實驗，他將青蛙解剖後，取出其心臟，放入各種溶液中，結果發現，放入蒸餾水和我們常用的精製鹽（純度爲99.8%的氯化鈉）製成的0.7%的「生理食鹽水」中，其心臟跳動立刻停止，若放入未經精製過的天然海鹽製成0.7%的「生理食鹽水」中，則青蛙的心臟持續跳動。這就證明，單一的純氯化鈉無法維持生命的機能，海鹽則因含有其他各類的礦物質，其作用相當於體液而能持續生命。

由實驗得知，人類的體液就是氯化鈉加上其他各種具有電解能力的礦物質，並稀釋成爲0.9%濃度的液體，此即所謂的「點滴液」，而點滴液與4倍稀釋的海水是類同的。如前所述，人體的體液、血清、羊水的成分與海水的成分相似，只是其濃度不同而已。換句話說，人體血液中，除氯化鈉之外，還包含其他各類礦物質，而這些礦物質，也必須與海水相同，以離子化的形態存在，並且其含量比例也幾近於海水。

24 天然海鹽保有海水中豐富礦物質

含有適度礦物質的海鹽，嚐起來有不同層次的圓潤口感，雖然稍微帶苦味，但入口後會有回甘的舒適感。相對於精製鹽含在口中除了單調的鹹味之外別無他感。

維繫著生物體「生命力」的微量礦物質。這些微量礦物質，深藏在大自然的土壤與海水中，是維持生物體生命的最重要元素，但是，我們所食用的鹽，經過離子交換樹脂膜的製鹽法，即我們常用的「精製鹽」，除氯化鈉之外，別無他物，而市面上所謂的「健康鹽」，也不過多添加了氯化鉀或碘而已，眞正重要的微量礦物質，早已蕩然無存，可說是澈底浪費造物者所賜予人類的各種珍貴資源。

天然海鹽因爲未曾經過任何化學物質的清洗淨化，因此保有海水中所含的豐富礦物質，給以人體諸多所需的元素。不只如此，天然海鹽對其他的生物也有相當的益處。在水族館中的海洋生物絕對不能生活在經過離子交換樹脂的精製鹽中。

最簡單的實驗，就是以海瓜子對鹽的感覺最為貼切。將海瓜子分別放置於濃度約3%的不同鹽水中，不久之後，浸泡在自然海鹽中的海瓜子，開始吐出大量的水，但是在相對的精製鹽水中的海瓜子卻幾乎毫無生機。

25 海鹽與鹽滷含有促進生理機能的礦物質

一、鹽滷是最佳礦物質補充劑

近半世紀以來，由於工業突飛猛進，改變人類的生活方式和周遭環境。速食文化及精製加工食品盛行，土地過度利用，化肥、抗生素及農藥的濫用，都是造成人們無法獲得充分礦物質的主要因素，再加上工業燃料、汽車廢氣產生大量的二氧化碳和其他有害氣體，除產生溫室效應及破壞大氣的臭氧層之外，同時也汙染河川、湖泊和海洋，這些都使得人類所需均衡元素偏離大自然原本提供的平衡狀態。

因此，近年來多種慢性病，例如，癌症、心血管疾病、糖尿病、風濕、痛風、哮喘、眼疾、失眠、憂鬱症或其他不明原因的疾病大量出現，這與人類的飲食和居住環境的改變，有絕對的關聯性。為因應現今人類對營養的需求，各種礦物質及微量元素的保健產品，相繼推出，其種類之多，令人目眩。其實，正確選擇礦物質及微量礦物質的方法很簡單，只需掌握容易吸收和種類、質量均衡的原則即可，因此消費者要注意的是，「劑量高」並不代表「品質好」。因此，由海水提煉除去氯化鈉而製成的鹽滷，含有與海水相似的離子化礦物質成分，容易吸收，應該是不錯的選擇，同時鹽滷的用量不需很多，就能達到人體所需的微量礦物質的標準量。

一般瓶裝礦泉水中礦物質含量僅含有170ppm左右

在一般瓶裝水中只需加入一滴除去氯化鈉的鹽滷，其礦物質含量就超過1,100ppm

二、鹽滷的外用功效

離子化形式的礦物質不但可以內服，外用也有意想不到的功效，因爲鹽滷可使水分子變小，所以加水稀釋後滲透力極佳，不但能滋養皮膚，同時又具有消毒殺菌及保濕的功效，是非常理想的天然化妝水。

鹽滷中所含六、七十種的礦物質經稀釋後塗抹在青春痘、濕疹，或是燙傷的皮膚上，可達到鎮靜、消炎、修護的功效。「香港腳」的患者，每天以稀釋的鹽滷或是海水泡腳，不但可以止癢並且可以防止黴菌滋生。以鹽滷或海水直接漱口，可以清淨口腔，預防牙周病。海水和鹽滷可以說是上天賜給我們最天然、最有價值的養生禮物。

三、鹽滷增添釀造物的風味

利用鹽滷或是海洋深層水來製作釀造醬油、醋、酒類以及培養乳酸菌等，因爲離子化礦物質可使水分子團變小，活性增加，不但可以促進發酵速度而縮短發酵時間，而且增添口感和獨特的風味。

第四篇

礦物質與生命能量

26 礦物質的磁波能量

礦物質具有光波和磁波能和人體產生共振，能以和諧、溫和、有效的方式，與體內細胞產生共振，使身、心、靈回復到原始的完美平衡狀態，而達最佳的保健功效。

物質皆有其自然放射出來的頻率，人體也不例外。人體溫爲36～37℃，會自然放射出波長約爲9.3～9.4μm。當物質放射波長與人體越接近，則越能與人體產生諧振。因此，不論是科學的角度或古文明流傳下來的智慧，如中國的「氣場」，都強調人應藉著與大自然的能量共振及和諧互動來促使身、心、靈的全面平衡協調，以達更臻完美的健康狀態。

孕育千萬年的天然礦場具有高度生化觸媒效果，能與體內的氣脈達到量子諧振，並能在最接近人體共振頻率的9～10μm波長範圍，放射出高量、安全的遠紅外線能量，以及產生負離子的性質，與生命運行的動力性質相近、和諧相容，而達到身體健康，心境平和的境界。

一、磁的概念

簡單而言，地球本身就是一個大磁場，分為北（N）極和南（S）極。在地球上的一切生物都帶磁性，人體本身也不例外，也具有磁性而且也有人體自身的磁場，稱之為生物磁場。人體磁場受到地球磁場的影響，地球磁場受太陽磁場的影響，太陽系磁場受宇宙磁場的變化而變化。

二、磁與健康

適量強度的磁場磁性可以調節大腦皮層的興奮與抑制過程，使興奮性降低，達到鎮靜安眠效果。並且在磁場作用下，可以延長睡眠時間，縮短入睡前的誘導期，從而真正達到提高睡眠品質的目的。磁場促進營養物質與氧的供應，並加強廢物的排除。磁場能改善循環系統和代謝功能，排除二氧化碳和血液內的汙物。在磁場的作用下，還可以改善血流量，降低血液黏度，有利於減少心腦血管疾病的發生，降低血脂，有利於降低或延緩動脈硬化的發生。

三、磁與疾病

地球磁場的變化會引起人體生物磁場產生顯著的變化。當地球磁場發生變化時，人體磁場也會產生相應的變化，尤其是會導致人體血液、淋巴液等體液的異常電性變化，進而影響人體的正常生理機能。人體生物磁場紊亂，會導致生長發育遲緩，生理功能異常及各種疾病發病率的上升。最顯著的影響是人體的自律神經系統功能紊亂，細胞早衰，血液黏度增高，血液沉積物阻塞血管，以及精神狀態不穩定。

四、接觸礦物質能影響生物磁性

當人體接觸帶有生物磁性的礦物質產品時，便能夠吸收自身的熱能和周圍環境的能量，向人體釋放生命體最需要的能量光波，這種能量光波，正好與人體細胞內水分子律動頻率相同，產生共振效應。活細胞加快血液流速，促進新陳代謝，增強免疫力。

礦物質的磁能同時也向人體釋放磁場能量波。磁場效應能活血化淤、加速生物酶的合成，降低膽固醇，調節血液，清除自由基。礦物質的能量光波與磁場能量波相互作用於人體，產生雙重功能及效果。

五、有害人體的電磁波效應

電磁波對人體健康有直接的影響，主要來自於其兩種不同的效應。

★發熱效應

電磁波進入人體後，會使占人體70%的水分子振動產生發熱效果，應用此原理人們發明了微波爐。同時，人體若是處於變動的磁場中，體內便會產生漩渦電流，而造成焦耳熱（Joule），利用這種原理，人類又發明了電磁爐。其實以微波爐或電磁爐所煮熟的食物，其中許多營養物質都已變質而消失，這些都是人類難以預料的負面影響。

許多人都有長時間使用行動電話後耳朵會發熱的經驗，這也是電磁波的發熱效應。

★非熱效應

電磁波進入人體後，會引起細胞分子之間的電子移動，擾亂人體內的電氣反應；身體內細胞分子間的電子移動會干擾體內能量的自然流動而引起痠痛，若不治療的話就會引發各類疾病。

六、無法避免的電磁波

無時無刻讓無所不在的電磁場圍繞在身邊。很簡單的想一下，現在居住的鋼筋水泥大樓，不但隔絕了大自然的地氣和陽光，更可怕的是腳下所踩的地板，可能是樓下鄰居裝滿電纜、電線的天花板，而圍繞在四周的牆壁中，也埋藏了許多管路或機器馬達，你的床頭很可能正和鄰居的電腦主機只隔一層薄薄的牆壁。

又如，具有現代感的高建築物，常用花崗岩為實材，經過測試發現花崗岩所發出的γ輻射波時常以每小時0.4微西弗到每小時0.7微西弗之間發射至外界，這已超過法定安全值。

27 遠紅外線具有滲透力

不只是遠紅外線，陽光也可以照進身體裡，這種現象稱作滲透力。滲透力的程度，則和波長的長度成比例關係。波長較短的、近紅外線並沒有像遠紅外線那樣具有滲透力。普通的紅外線暖爐及火爐，只能使皮膚的表面變熱，無法將溫暖滲透到身體的核心內部。

遠紅外線因爲擁有較長的波長，所以具有很強的滲透力，可以將溫暖送到身體內部，讓身體從核心部位暖和起來。

很早以來，人類就已經知道利用遠紅外線功效的智慧。

譬如烤番薯以及天津的糖炒栗子，比起用煮的或用蒸的，都要來得味美香甜。把番薯或栗子放入熱燙的石頭裡加熱，這種烹飪方法增添了食物的甜度及美味。就是利用燒熱的石頭產生的遠紅外線使番薯及栗子變得更好吃的原因。

遠紅外線產生的分子共振作用開始，分子的活動即變得更加活躍，並產生運動能量，分子的運動能量轉變成熱能之後，即能活化人體的細胞組織，並提升新陳代謝，血液循環也會因此變得順暢，人體自然健康。

28 有益健康的負離子

一、負離子具有多重效用

負離子又名陰離子，所謂負離子，簡單說就是帶負電的離子。在自然環境中常因周圍環境的變化而產生負離子。例如，水從高處落到低處所形成的瀑布，在落下的同時，水粒子會和岩石產生激烈的碰撞而飛散，飛散的水粒子與周圍空氣摩擦就有機會形成負離子。諾貝爾物理獎得主菲力浦・萊納德（Philip Lenard）博士發現，這些負離子會吸納空氣中的塵埃、臭味等細小的汙染物，隨後附著在樹木、岩石或溶入潭水中，因而達到改善空氣品質、淨化空氣的作用，這種大自然的自淨作用又稱為「萊納德效用」。

負離子能與細菌或黴菌結合，可抑制細菌或黴菌成長。對空氣中的細菌、黴菌有殺菌的作用。負離子能去除煙味、異味，並可去除儀器及設備上過多的正離子，防止儀器及設備因吸附過多的正離子而產生靜電作用。

負離子對人體有增加肺活量，調節體內內分泌和荷爾蒙分泌及促進新陳代謝等功能。

二、負離子能調節身體機能

負離子極有利於人體全身的細胞、體液與神經。負離子不但能改善人體的內臟器官和組織機能，同時也能夠調整自律神經。因此，在大自然的環境中，例如漫步在森林中或站立在瀑布前，一定會感到全身舒爽無比，這就是因爲在大自然中含有大量的負離子。

遺憾的是礙於生活需要，人們大都不能長期置身於森林中或瀑布下享受負離子的效應。因此，藉由含能量的礦物寶石和水晶佩戴飾品及用品，不但能產生遠紅外線作用，同時也產生適量的負離子功能，因而同時兼顧到美麗與健康和增強心靈感應的效果。

29 礦物寶石和水晶的保健和開運功能

可以維持人體磁場頻率的平衡，許多具有磁能的礦石，是以單一形態的磁效與人體某些部位產生波動共振，例如現在盛行的鈦、鍺等飾品，或是以鈦、鍺和磁石等複合元素結合而成，對人體導引出微弱電流，也就是產生與人體共振的波長頻率，其中又以能誘發人體的α波之功效最佳。

再則，更有許多經數十種天然、無毒性的礦物質組合而成的礦石，這些礦石可產生高達五十餘種頻率，這些頻率與人體的相關能場共振，其效果使得人體能場得以維持穩定與均衡，因此免疫系統之功能自然就加強了。

一、寶石和水晶等礦石可為開運珠寶

人體就有如一個小宇宙，體內含有微弱的電流在周身流動，維繫著各種訊息的傳遞，這種電流在身體處於良好的環境下，或是個人體能良好，沒有病痛精神愉快時，會有秩序的在身體內流動。但是如果人體四周的環境遭到汙染，尤其是受到外界電氣品、電磁波、電腦、手機等汙染，或長期受到工作壓力和自身營養失調時，則會導致體內電流發生混亂的狀態，其結果輕則身體會感到疲勞、肌肉僵硬、腰背痠痛、記憶力衰退與失眠，再嚴重些就成爲各種慢性疾病的根源。

身爲現代文明中的人類，對氣溫的適應性遠遠不如以前，由於冷氣空調的普及，即使在夏天，也能處在低溫的環境中，而冬季時又有暖氣保溫，長期過度的處於人造的環境下，反而無法適應眞正的季節變化，因此形成體質虛弱，血液循環不佳，新陳代謝失調，不但造成生理上的病痛，同時對精神方面也產生負面的影響，使人精神不濟、對事物欠缺參與感、心情不愉快甚而產生憂鬱症。

假如我們經常配戴寶石、水晶等礦石，就可不斷地調整身體，使其經常處於平衡狀態。若身體經常處在平衡狀態下，體能就會增強，身體也就會健康而滿足愉快，較不易疲勞、暴躁、沮喪，在這種正面的信念下，許多人較易與人相處，人際關係也會維持得很愉快，工作、事業和感情方面則更爲順暢，也就成爲人人喜愛的開運珠寶。

二、機能性礦石能釋出遠紅外線及負離子，有益健康

佩戴機能性礦石，除了以風潮流行爲大衆所喜愛之外，並因加入鈦、鍺、鍺或以多種礦物元素結合而製成，更能達到保健的目的。這些健康材質，主要就是要讓佩戴者體內的電流恢復成爲

安穩的電流，且有秩序的在身體內流動。

當體內電流的流向有秩序後，人體的細胞與細胞之間就能重獲正常的訊息。日本醫學博士石垣健一指出「疾病是指體內的電氣平衡失調，體內的離子平衡左右全身健康」。

多種礦石能夠產生源源不斷的波動能量，提供人體磁場和氣場的「生物能量」和「宇宙能量」，有助於人體氣血循環通暢，活化細胞，並能產生α波，健全腦神經，是有助人體健康的機能性礦石。

這類礦石多能釋放遠紅外線，可產生生育光能。由於生育光波的波長可與人體內的波長產生共振，達到協和的頻率，發生磁場效力，使人體的溫熱效應增加，促使毛細管擴張，末梢血管通暢，使養分能爲各細胞組織所吸引，並且可排除體內所含的廢氣和毒素，各種病痛自然就能獲得改善。

機能性礦石除了能釋放遠紅外線外，還能釋放出負離子，消除活性氧，使體液呈弱鹼性，同時負離子能促進人體β內啡肽的分泌，因爲β內啡肽具有安定神經、鬆弛壓力的功能。

三、古埃及時期就有運用礦石和水晶的智慧

遠自古埃及時期就瞭解到某些石頭的振動力量，以及它和人體力量之間的互動關係。並將礦石和水晶製成各種飾品，甚至醫療用品。

最近在埃及所挖掘出的古物中，可以證明早在西元前四千年，埃及人便懂得切割鑽石了，另外古埃及人相信水晶是連繫於

天地之間的東西，象徵衆神無所不知、無所不視的眼睛，所以他們用水晶球卜卦，預測未來的吉凶。

古埃及人用珠寶在肌膚上磨拭，以增加其光澤，使它閃閃發光。並且用紅寶石及石榴石來刺激體內細胞；用珊瑚來改進體內的循環作用。古埃及人並將翡翠含在舌下，他們相信可以使自己的思想變得更敏銳，智力的增長也會更快。

同時，埃及人也會將碧玉琉璃磨成眼睛形狀，然後把它浸泡在水中，再用這種水來清洗眼睛，使眼睛更加明亮，就像現代人使用的眼藥水一樣。這種碧玉琉璃含有銅的成分，而銅則是一種相當良好的收斂劑，有明眼的作用。

佩戴寶石或水晶有較好的理療和保健作用，並且可以改善心境、改變命運，相信隨著科學的進步發展，使用珠寶水晶的功能可以得到更多科學的瞭解，進而解開水晶世界的神奇效力。

30 具有能量效益的礦物寶石和水晶

市面上許多保健用的礦石飾物，多半是依據對人體有效益的礦物元素設計而成的，無論是單一類的礦源，例如鈦、鍺等飾品，或是含有多種礦物質的瑪瑙、珊瑚、海洋石、琥珀、玉、水晶、玫瑰石、石榴石、虎眼石、血石、碧璽、天珠等，都能產生與人體磁能共振的功能。

好的保健飾物可以促進人體磁場的效應，產生波動能，強化人體的八大器官組織，因而達到補氣強身的功效。

使用礦石和水晶以及有機質的硬化殼體來改善磁場，帶來健康與好運道，這是廣爲時尚流行的風潮。

一、鈦

★什麼是金屬鈦？

鈦（Titanium）爲銀灰色具有光澤的金屬。其原子代號爲22，原子量爲47.88的金屬元素，其化學符號爲Ti，比重爲4.5，溶點為1668℃，鈦金屬在週期表中屬於鈦族元素，為在週期表中第IV B屬族元素，其中包括有鈦、鋯、鉿、鑪（鉝；鍆）四元素。鈦族元素在低溫下無反應，但是在高溫時則立即與一般非金屬化合，鈦族元素的熔點高並且抗腐蝕力強。

鈦金屬從被發現至運用在民生物品的材質上至今尚不到半個世紀，因此金屬鈦至今仍屬於是新生代的金屬原料，極具市場開發的潛在價值。

純鈦金屬在提煉時不易，凡是鈦金屬原料成分達到含鈦量99.5%以上所鑄造完成之成品，在市場上均屬於純鈦製品。一般鈦金屬成分除了包含99.5～99.9%的鈦金屬外，並含有少部分的鐵、氯、錳、鎂、矽、氮、碳等元素。市面上還有不少鈦金屬的飾品含有鈦之外，並含有鈣、鎂、鈉、鉀、錳、二氧化鋁、鋰、鉬、鍺、鋁、二氧化鈦、三氧化二鐵等金屬。

★鈦金屬的歷史發展

早在西元1791年，英國的礦物學家W. Gregor在鐵鈦礦中辨識出鈦礦這種新的元素，大約就在同時，另一位礦冶學家J. Muller也製造出類似鈦的物質，但是卻一直無法辨識它。直到西元1795年，德國的化學家M. H. Klaproth在金紅石中再度發現這種物質，並且以希臘神話中的巨人，大地之子泰坦（Titans）的名字來命名。在古希臘「泰坦精神」就是勇往直前的同義詞，將鈦命名為Titanium，「鈦」則代表金屬鈦所具有的天然強韌的特性。

鈦這種金屬，在高溫很容易與非金屬化合，因此很難從礦物中提煉出來。歷史上最早構製出99.9%的純鈦則要到西元1910年由美國的冶金學家M. A. Hunter將四氯化鈦和鈉一起加熱還原，才提煉出高純度的鈦，但是這時期的鈦還是屬於實驗室的階段，直到西元1946年由W. J. Kroll利用鎂將四氯化鈦還原提煉出鈦之後，金屬鈦才真正開始被用來製造民生商業用品。

★鈦的特別性質

鈦就如同它的名字一樣是具有英雄氣概的金屬，具有美麗的銀灰色光澤，質地輕盈又堅固。在化學試劑中極具強腐蝕性的「王水」，能夠腐蝕黃金、白金、不鏽鋼，但是卻無法對鈦產生任何作用。在「王水」中浸泡了幾年的鈦，依舊光彩照人。鈦具有極優異的抗酸鹼腐蝕性，鈦的化學性安定，並且具有特殊的電流特性。若將鈦加到不鏽鋼中，只需要加10%左右，就能夠大大提升抗鏽的功能。鈦的密度小，因此非常輕，但是其堅韌度卻與鋼鐵相似。鈦礦既能耐高溫，又能耐低溫，它在零下253℃至500℃的寬廣溫度範圍內，都能保持極高的強度。

★鈦在科學界的地位

鈦是一種很特別的金屬，它質地非常輕盈，卻又十分的堅韌和耐腐蝕，它在常溫下能終身保持原色，不會像銀會變黑，其延展性強，熔點與鉑金相近，這些優點正適合用於太空金屬，鈦的合金用於製造火箭發動機的殼體、人造衛星、宇宙飛船以及軍工精密物件，因此鈦有「太空金屬」之稱。

鈦與人體的相容性極高並且具無毒和耐腐蝕性，是最適合裝在人體內的金屬之一。對金屬容易發生過敏的人，也不需要擔心它會引起過敏，它是一種優質並符合外科移植級的金屬，因此，人工關節及骨釘等，都是使用鈦來製成的，在骨頭損傷處，以鈦片和鈦螺絲釘固定好，或是以鈦製成骨關節，經過數月後，骨頭就會在鈦片上再生而附著在骨骼上，同時新生的肌肉就會包在鈦片上，這種「鈦骨」就有如眞的骨頭一樣，活動自如。

★鈦可具有多種美麗的色彩

雖然純鈦具有銀灰色的天然光澤，但是經過電流和化學處理後，會產生各種不同的色彩，這是一種自體氧化變色的原理，是由純鈦金屬本身所產生的色彩，並且具有其原本的各種特性。

★鈦金屬製成首飾品的優勢

以鈦做成首飾品占有相當的優勢，因爲具有堅固、延展、抗酸鹼腐蝕以及抗過敏性。尤其純鈦具有優良的導電性，可以誘發出人體的α波，引導出電子波動能量，調整因電磁波的干擾而引起身體中生物電流混亂所造成的不良影響，對身體產生有益的生理舒緩作用。在日本及歐美已逐漸成爲運動選手經常佩戴的飾品。

鈦飾品除了它特有的銀灰色調外，由於它表面可以有很多種顏色變化的特有風格，不但具有極大的色彩變化空間，並可設計出獨特炫麗的時尚飾品。

經常佩戴以鈦爲主的飾品，能激發α波與人體產生共振磁能，可以快速的舒緩緊繃的肌肉和緊張的情緒，而減輕肩、頸、腕、腰等各部的肌肉，因爲壓力、運動傷害或因姿勢不良所引起的痠痛與不適感，人體與鈦所產生的磁波共振能使腦部獲得較高的能量，使思想敏銳順暢，同時因鈦能調節人體電流磁場，使新陳代謝正常，是相當好的保健飾品。

平日佩戴鈦飾品，不會因汗水、皮脂分泌物而產生化學變化，不會引起金屬過敏，因爲其材質輕，即使是很粗的鍊子，戴起來也不會覺得有沉重感。鈦的飾品已成爲時尚且在國際間快速流行，是最前衛的健康保健飾物。

二、鍺

★鍺爲「兩性元素」

鍺（Germanium）爲帶有銀灰色光澤的固體物質，其原子代號爲Ge，在化學週期表上爲第32種元素。鍺在週期表中爲第IV A屬族元素，和鍺同屬族的包括有碳、矽、錫、鉛等元素，又可稱爲碳族元素。其中碳和矽是非金屬，而鍺、錫、鉛三元素的原子愈大，其金屬性愈強，鍺則是介於金屬和非金屬之間，爲「兩性元素」，也就是它看起來似金屬，但卻具有一般金屬的延展性。

★鍺爲半導體物質

所謂半導體則爲介於類似金屬的導電性，和不能導電的絕緣體之間的電氣特性。也就是說，半導體不像金、銀、銅等具有通電的性質，但也不像橡膠類完全不導電，半導體在不同的情況下，有時可成爲通電的導體，但有時則爲不通電的絕緣體。

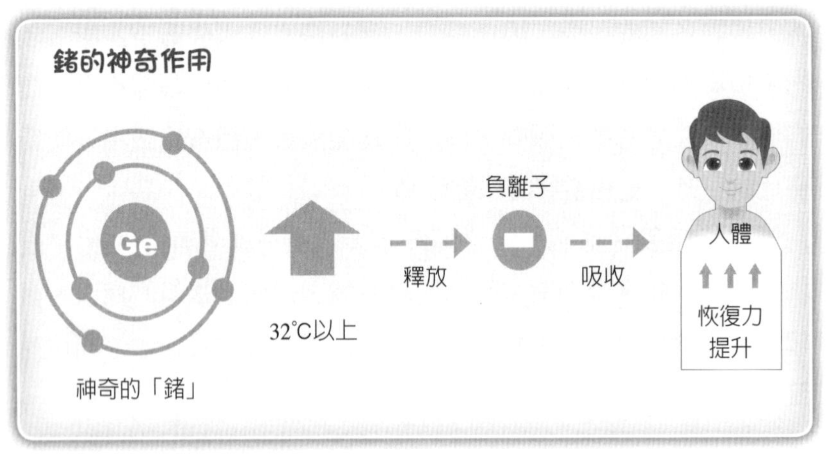

在鍺的原子核周圍繞有32個電子，在不同軌上游動，其中在鍺原子最外側的軌道有4個電子游動，當溫度提升到32℃時，可釋放出負離子，並會使鍺成爲電導體，在最外層的4個游動電子中的1個電子就會脫離軌道，並且發揮其整合身體電流的特性，使體內混亂的電流回歸正常的通順，也就是活化生物電流，促進血液和體液的循環功能，進而改善身體的不適。鍺的半導體性能，已被應用於半導體管、二極管、太陽能電池，以及鍺粒的治療器材和健康飾品。

★鍺的保健功能

鍺是一種半導體，它不需要經過強大的外力，例如光、電等能量，而僅需在32℃時，就可釋放出負離子。鍺可以分爲有機鍺與無機鍺兩種，有機鍺經常存在於特殊植物例如靈芝和人參中，成爲保健抗癌的食物。無機鍺則廣泛分布於地殼與其他的礦物中，需要經過精製提煉才能運用。

鍺是一種不含毒性的半導體，鍺的負離子可經由皮膚滲透，因此可以中和患部的正離子，調整生物電流，而且其速度非常迅速，可在一秒鐘內繞行地球七周半。因此鍺可以調整肌肉的電荷平衡，恢復細胞活力，緩和疲勞、改善酸性體質，解除肌肉的痠痛，提高人體自然治癒能力。

因爲鍺爲無放射性的物質，故完全不會產生副作用及引起過敏的問題，經常佩戴含純鍺粒的飾品，也是健康與時尚的結合。

三、北投石

北投石主要是由硫酸鉛和重晶石混合而成。是世界上唯一以台灣地名命名的晶石。北投石本身是一種溫泉沉澱結晶物。由北投地熱谷冒出的泉水和地下的微量稀土族元素和放射性元素逐漸溶合沉澱結晶而成。有些北投石可能含有波長較短的鐳，其穿透力頗強，爲一種輻射線。以北投石製成的飾品，如果經過輻射儀測試，輻射量在安全範圍的話，也可作爲能量飾品。

四、電氣石

★電氣石具有壓電性和熱電性

電氣石又稱爲碧璽（Tourmaline; Tourmalin），主要爲巴西、印度、中國及非洲等地所出產的寶石，屬於矽酸鹽礦石，其透明度高，並且色彩鮮明。

對寶石而言，碧璽是族群的名稱。碧璽晶體的顏色多達十五種之多，顏色以無色、玫瑰紅色、粉紅色、紅色、藍色、綠色、黃色、褐色和黑色爲主。碧璽由於顏色鮮豔、多變且透明度又高，自古以來深受人們的喜愛。碧璽一字係源出於錫蘭文Tourmali，意思即爲「多色混合的名貴石頭」，最常見的爲粉紅色與綠色混合的西瓜電石。

電氣石受到溫度改變時，會在其極軸的兩端同時產生正負電荷。也就是電氣石的結晶體兩端同時有正極點和負極點，並能極化電流，具有熱電效應和壓電效應。電氣石具有永久產生微弱電流的特性，藉助空氣的對流、溫度、水分、壓力和摩擦的各類條件，都能產生負離子，使細胞活化，以正常分解與代謝腸內堆積物，而使體內達到淨化的效果。

電氣石的化學組成以二氧化矽爲主，並含有鈉、鈣、鎂、鐵、鋁、硼、氟等礦物元素。由於其化學成分複雜，目前還沒有合成碧璽的出現。碧璽受熱具有壓電性和熱電性，因而礦物學名稱爲「電氣石」。水晶則沒有這種效應。碧璽的顏色也比水晶豐富許多，碧璽的硬度也高出水晶，另外碧璽的磁場是同色系水晶的幾十倍至上百倍。

★電氣石的廣泛應用

目前市場上很多不專業的商家都把一些低檔碧璽和水晶混雜在一起來銷售，並給客戶介紹說碧璽就是水晶的一種。實際上這是不對的，碧璽和水晶根本就是兩種不同的礦物。兩者的化學成分也不同，碧璽是一種複雜的矽酸鹽，水晶是一種無色透明的大型石英結晶體礦物。水晶的主要化學成分是二氧化矽，當二氧化矽結晶完美時就是水晶；二氧化矽膠化脫水後就是瑪瑙；二氧化矽含水的膠體凝固後就成為蛋白石；二氧化矽晶粒小於幾微米時，就組成玉髓。

碧璽可促進敵對兩股力量間的溝通和合作，並能守護心靈和身體使其持有正面的能量。此外，碧璽能消除人與人之間的誤解、冥頑不靈和缺乏忍耐力等缺點。

市面上的飲水機內也常加入電氣石和其他礦石而溶合的陶瓷濾心使水磁性化，變成小分子的磁化水。利用電氣石所放射的遠紅外線，可以進入身體深層部位，促進血液循環，改善腰痛、肩膀痠痛及神經痛等。利用電氣石泡澡，能夠改善異位性皮膚炎，並且能除去皮膚黯沉。

但是，值得注意的是相同的礦石其各部位的能量也不完全相同。就像電氣石中的某些部位，其輻射線含量很高，並不適合長期佩戴。應以輻射偵測儀檢試產品的安全性後再行佩戴為宜。

五、孔雀石

孔雀石（Malachite）從淺到深綠，像極了孔雀絢爛的尾巴。它的名字是從希臘文Malache來的，也有一種說法是從葉片顏色類似的植物Malakee而來，它常常在銅礦上方的氧化帶中，並含有矽礦石。由於它的顏色伴隨著銅呈現孔雀綠色而得名，有很好的導電性，而銅通常是用來奉獻給女神維納斯（Venus）的，因此孔雀石也非常受到它的追隨者的尊敬。孔雀石有助於培養耐力和耐心。磁場甚強，可以強化心臟功能，剷除鬱悶，並有防腐的效力。

孔雀石主要含有碳酸鈣及銅、鋁等礦物質，並具有很強的導電力和放射性。孔雀石雖然美麗，但是卻經常產生負能量，一般體弱多病的人，不適合長久佩戴。孔雀石所發出的磁波會與人體細胞共振，但是並不一定完全與人體的頻率相合，因此，並非最佳的保健飾品，但是孔雀石美麗明亮的外形，為許多人喜愛，它是一種能鬆弛神經、消除壓力的寶石。傳說當孔雀石變成黑色或發生破裂的情況時，就表示可能有危機出現，因而做事要格外小心。

六、月長石

月長石（Moonstone）的表面可見到白至淡藍色的閃光，猶如朦朧月光，珍珠般地閃閃發光。月長石是長石的一種，是鈉和鉀的鋁矽酸鹽屬於斜方晶系。是有兩種成分以層狀交互的礦物，兩種成分層狀交互對可見光可以發生散射，以及解理面對光產生干涉或衍射，綜合結果可產生月光效應，所以又稱之為月光石。

月長石有助於發展感情上的敏銳度，同時能開啓心靈。月光石有助於睡眠，能量柔和，細膩穿透性強，具有融化與彌漫的特性。可以給人帶來從容的舉止和優雅的風度，有助於睡眠。將月光石放在枕頭底下，可以助人安然入眠，夜夜好夢，得到充分的休息。清新思維有助於腦部的思考，通靈性，有助於清晰的思維。月長石對於腦下垂體分泌有益，是可延年益壽的礦石。

七、海洋石

海洋石（Ocean Jasper; Ocean Stone）又稱爲海洋碧玉，一種介乎瑪瑙與石髓之間的微晶質晶石。成分爲二氧化矽，切磨後，表面有如海藻類依附於石髓之上，故名之爲海洋石。顏色由白、灰、藍、黃、綠、褐色的都有。由於色彩多變，而且形態獨特。

海洋石仍以二氧化矽爲主要成分，經過大自然億萬年的孕育，因含有有機質火山熔岩、珊瑚蟲、魚卵、海藻，以及海水中的天然朱砂，鐵、鎂、錳、磷等礦物質，形成礦石中特殊的紋理，而其中含珊瑚卵而顯得色彩繽紛，有些也類似紋石般有著明顯漂亮的同心圓眼，產量不多，原石也不易取得。

自古以來在西方國家就被當成國王及高僧才能擁有的護身符，屬於太陽系能量的礦石，因爲海洋石強大，特殊又溫暖的磁場，有別於一般的水晶礦石。

海洋石因爲含有多種天然礦物質和有機質的火山熔岩化石，因而具有強大的磁場能量，能調節平衡身體各臟腑機能和增強各經絡能量。海洋石中含有礦石中稀有的朱砂，因此相傳佩戴海洋石可以避邪驅魔、消除人體負能量並轉化爲正能量，對人體的心、肝、脾、胃、腸、膽、腎、膀胱、生殖系統都有助益。在精神方面，海洋石可以消解壓力、安穩情緒，使頭腦清晰、精神愉快。

八、西藏天珠

西藏天珠又稱「天眼珠」，是來自於中國大陸西藏喜馬拉雅山區的礦石，西藏人至今仍認爲天珠是三、四千年前太空殞石撞擊於該山區，所產生十四種火星上的元素的礦石，含有玉質及瑪瑙成分，並含有稀有元素鐿的超極磁能。紅色的磁波最強，是一種稀有寶石，因長期隱藏於世界最高緯度，吸取日月精華，具有天然宇宙強烈的磁場能量。唯獨西藏的瑪瑙才能稱爲天珠。西藏天珠材質重量比較重，質地細密，硬度非常之硬，線條紋路具有規律性。

天珠所含磁場能量爲水晶3倍，水晶磁波爲4伏特，天珠則爲13伏特，且其含的磁場能量最爲柔和，並能釋出負離子和宇宙能量，可以平衡正負氣場，最適合於人體各部位，故對人體的血液循環特別具有調適功能。

天珠的色澤大約可分爲黑色、白色、紅色、咖啡色及綠色等顏色，頁岩顏色因所含化學物質而不同，如含氧化鐵者呈紅色，含氫氧化鐵者呈微黃色，含碳質則呈灰黑色。

佩戴天珠將會心想事成。當有困難時，天珠會幫助擋掉一些不必要的劫難，是「護身符」更是「守財神」。

因爲天珠是具有靈氣且莊嚴神聖之物，所以夫妻行房之時不宜佩戴，除此之外任何時間均可佩戴天珠。

九、血石

血石又稱爲血玉髓和雞血石（Bloodstone或Heliotrope），爲暗綠色玉髓伴隨有紅色斑點。雞血石可作護身符，人們認爲它可以防止出血，給予佩戴者智慧，並能保佑健康。

血石和瑪瑙、玉髓一樣，屬於隱晶質石英晶體。血石具備很多種顏色，有綠、黃、紅、粉紅、紫紅、褐色等。不過純色的血石不多見，通常是幾種顏色混合在一起。

血石可以改善循環系統，對於血液方面的問題，例如貧血、糖尿病、腎病等，都可以利用血石的能量去做治療。另外，婦女病如月經不調等，都可藉由血石能量的幫助而得到改善，將血石製成腰鏈佩戴最適合調節血氣，治療或預防婦女病的方法，並能促進氧在血液中運送更爲順暢。

運動員在比賽前，若能握著或戴著血石來做熱身運動，將血石能量啓動，並吸收進體內，有助於增進臨場的爆發力。

血石可增強主人的信心和氣勢，增進官司的勝算。

業務人員在工作時間內，可以常佩戴和觸摸血石，能夠加強信心，增進體力，強化幹勁，不易覺得疲勞、倦怠。

商家可以將血石放置在櫃台、收銀機旁或錢包裡，有助於聚財。

原則上血石和雞血二者不是一類礦石，不僅外觀不一樣，而且雞血石硬度低於血石，因此常用來做印章，而血石則無法被一般刀子雕刻，不過市面上經常將兩者混爲一談。

十、虎眼石

虎眼石或稱之爲虎睛石（Tiger's eye），是一種具有貓眼效果的寶石，多呈黃棕色。虎睛石的重要礦物爲石英，是地殼裡的藍石棉或青石棉被二氧化矽膠凝體呈棕、褐、黃等色，具有絲絹光澤和玻璃光澤。

虎眼石是石英的一個品種，和瑪瑙等都有一定的親緣關係。

虎眼石和貓眼石都擁有明顯獨特的特徵，每顆虎眼石都能放射一道嚴峻的光芒，不同的角度，虎眼的眼神都不同，與貓眼石的區別在於虎眼的色澤更爲霸氣華麗。

虎睛石能驅除陰邪之氣，增強洞察力，強化意志力，清除冥頑不靈的習慣。加強集中力，激起勇氣和對事務的洞察力，堅決自信心，鎮靜、正確地作出決策，做事能貫徹一致，據守準則，功成利就，清除躁急性格、定驚安神，避邪招財，增強生命力，適宜體弱多病或剛康復的病患佩戴。

虎眼石和貓眼石都可以協助在黑暗中看清一切，培育洞悉事物的觀察力，並且帶來幸運。

十一、玉

玉（Jade）一般呈綠色，不過在形狀上可謂千變萬化，是種有吸收能量的寶石。它具有撫慰、治療及平衡等方面的作用，對於心臟方面的問題及氣喘等病症，具有良好的效用，並使心靈冷靜和純化血液。

玉是一種「友誼之石」，亦有助於對環境的適應能力，增加靈活性及忍耐力；再者，它也是一種會帶來幸運的寶石。

十二、東陵玉

東陵玉的化學成分主要爲二氧化矽，並含有鉻、鐵、鋁等礦物成分。顏色以綠色爲主。東陵玉能調節人體的新陳代謝與血液循環，調整人體的身體狀況，使人達到最佳狀態，精神倍增，體力充沛、提高人體低頻率電波，可加強本身的活力，增進自我判斷力。

綠色是眼睛最能接受的顏色，它能調節眼睛的緊張狀況，使其放鬆，達到健眼的特殊功能。

十三、翡翠

翡翠的成分和玉石相同，但是更有透明度，並有翠綠的美麗色彩。翡翠代表誠實、貞潔和自我發現，可以刺激腦部的發育和增加記憶力。

十四、石榴石

石榴石（Garnet）也是一種寶石類，由拉丁文Granatum演變而來，意思是「像種子一樣」。石榴石晶體與石榴籽的形狀和顏色十分相似，故名「石榴石」。常見的石榴石爲紅色，但其顏色的種類十分廣闊，足以涵蓋整個光譜的顏色。常見的石榴石因其化學成分而分別有紅榴石（Pyrope）、褐紅色鐵鋁石榴石（Almandine）、橙黃色錳鋁石榴石（Spessartite）、綠色鈣鐵石榴石（Andradite）、黃綠色鈣鋁石榴石（Grossular）及翠綠色鈣鉻石榴石（Uvarovite）。

石榴石中也有星光及貓眼寶石，如果色正，星線或眼線好，則是具較高價值的品種。通鈣、鎂、鐵、錳鋁、鐵、鉻的不同組合便形成了不同的石榴石。石榴石具有一種不可思議的神奇力量，使人逢凶化吉、遇難呈祥。有助於改善血液方面的毛病，促進循環、增進活力，進而可以取到美容養顏的功效，是女士們的首選摯愛。並能加強再生能力有助於改善生殖系統功能，以及加強身體的再生能力，能夠加速傷口的癒合。有助恢復體力，對於經常熬夜、加班和日夜疲勞工作者，能夠積極恢復體力。

石榴石可以鼓勵朝向正面且積極的方向前進，使關在象牙塔裡的思緒破繭而出，使人生獲得成功。

十五、鑽石

鑽石（Diamond），化學中一般稱為金剛石，其實就是「純碳」。金剛石是無色正八面體晶體，由碳原子以四價鍵鏈接，為目前自然存在的最硬物質，其摩氏硬度為10。

Diamond來自於希臘字Adamas，意思是不可征服和不滅。不同國家把鑽石用作不同用途，古代人用鑽石來製造工具和雕刻。在古代西方以鑽石代表魔法、健康、保護、毒藥，還有代表財富、繁榮、地位、永久的愛。鑽石瑕疵可能是天然的雜質或裂痕。評級以其瑕疵的數量、位置、大小等做標準。鑽石礦開採出來的金剛石中，只有20%可以成爲寶石，其餘的因爲瑕疵較多通常只能作爲工業用途。鑽石也是西方帝王、皇室的最愛。

由於鑽石堅硬無比，難於切割，所以算是一種「意志之石」，它象徵耐久力、持久性、廉正和不可征服等力念。在義大利文中鑽石一字爲Amante de Dio，即是「上帝的愛人」之意，並用它來防範心中所產生的不切實際的夢想，使心智變得更爲澄澈清明，得以看得更高更遠。

十六、琥珀

琥珀（Amber）是遠古松科松屬植物的樹脂埋藏於地層，經過漫長歲月的演變而形成的化石。琥珀透明似水晶，光亮如珍珠，色澤像瑪瑙，品種甚多，並以含有完整昆蟲或植物的琥珀爲最珍貴。

琥珀樹脂主含樹脂、揮發油、二松香醇酸、琥珀吟松酸、琥珀樹脂醇、琥珀松香醇、琥珀酸、琥珀氧松香酸、琥珀松香醇酸等，並含有鈉、鍶、矽、鐵、鎢、鎂、鋁、鈷、鎵等元素。

佩戴琥珀在身上，可以安五臟、定魂魄。中國有些少數民族，在婚禮儀式上一定要給新娘戴上一串琥珀項鍊，因爲他們認爲琥珀能使新郎新娘感情和睦、永保青春。

琥珀可以吸收周遭事物中的負面影響，平衡陰陽或事物的正反兩層面，給予生命所需的精力。琥珀可作爲護身符及裝飾物，尤其居住或工作在一個不好的環境中，佩戴琥珀能提供相當好的保護作用。

此外，將琥珀浸泡於水中，就成爲很好的瀉劑，同時以琥珀磨拭手術後所遺留下的傷疤組織，也能發揮撫平的效果。

十七、珍珠

珍珠（Pearl）主要是牡蠣生產的硬而圓滑的產物。主要是由貝殼硬蛋白黏合文石和方解石在一起的圓潤物。

珍珠是十分女性化的珠寶，代表同情與支持，並且常和月亮及水聯想在一起。珍珠象徵純潔、貞潔與和諧。珍珠掌握了轉化並克服壓迫、苦惱、憂鬱與痛苦等心理狀態，可以改善暴躁易怒及神經質的性格。

十八、珊瑚

珊瑚（Coral; Corallium Japonicum Kishinouye）爲珊瑚蟲群體的骨骼化石。珊瑚的主要成分爲碳酸鈣，以微晶方解石集合體形存在，成分中並還有一定數量的有機質，礦物質成分包括有鈣、矽、鐵、鎂、鋁、鋅、銅、錳、鈦、鎳等。常年佩戴珊瑚能行氣活血。

古代文明中認爲珊瑚可以促進血液的流動和循環，能撫平瘋狂想法與行爲，並且帶來智慧，尤其是對於醫療和服務業的人士可以使身心獲得平衡。

十九、玉髓

玉髓是自然界最常見的玉石品種，也是人類史上最古老的玉石品種之一。我國早在新石器時代，即已作爲飾物出現。

玉髓又名「石髓」。玉髓是石英的變種。它以鐘乳狀、腎狀、葡萄狀等，具有蠟質，玉髓的化學成分也是二氧化矽，玉髓的質地非常細膩，玉髓並含有鐵、鋁、銻、錳、釩等元素，而呈現五彩繽紛的顏色。

有的玉髓核內會含有水和氣泡。它的物理性質與石英一樣。玉髓被人們當作寶石，玉髓或稱爲玉膏，潔白如玉的脂髓，道家謂「服之可成仙」。

依據玉髓的顏色、花紋及內部特徵等，可分爲普通玉髓、瑪瑙、碧石三類，各類中又有多個品種。

玉之潤可消除浮躁之心，玉之色可愉悅煩悶之心，玉之純可淨化汙濁之心。所以君子愛玉，希望在玉身上尋到天然之靈氣。

紅玉髓常被推薦給那些記憶力差、創造力有障礙、思維紊亂、聲音顫弱、缺乏勇氣的人。紅玉髓還能夠幫助性情躁急的人克制怒氣，實現自我控制，而且它甚至能夠避免佩戴者心存嫉妒。

肉紅玉髓也是防止咒語以及分享智慧的寶石，人們更認爲它賦予佩戴者勝利和福祉，還象徵長壽。

二十、碧石

碧石指成分中含有二氧化矽和氧化鐵等礦物，又被稱爲肝石。碧石的顏色也很豐富。

古羅馬人認爲佩戴碧玉可以化煞辟邪，可保平安並避免一些負面能量的侵害，對經常旅行在外的出外人來說，也是很好的護身符。根據國外文獻記載，碧石可以減少眼睛方面的毛病，對於膽、肝、膀胱、骨頭及血液循環系統也有幫助。

二十一、瑪瑙

瑪瑙（Agate）是玉髓類礦物的一種，經常是混有蛋白石和隱晶質石英的紋帶狀塊體，色彩相當有層次。有透明、半透明或不透明的蠟樣光澤。常用做飾物或玩賞用。天然瑪瑙並不存在綠色，但使用人工方法也可以將瑪瑙變成綠色。

瑪瑙顏色較爲單一，以一種顏色爲主，而顏色的深淺或不同色調顯現出其美麗的紋帶。根據其主體色調通常分爲紅瑪瑙、藍瑪瑙、紫瑪瑙、綠瑪瑙、黃瑪瑙等。

瑪瑙的歷史十分遙遠，大約在一億年以前，地下岩漿由於地殼的變化而大量噴出，熔岩冷卻時，蒸氣和其他氣體形成氣泡，氣泡在岩石凍結時被封起來而形成許多洞孔。經久以後，洞孔侵入含有二氧化矽的溶液凝結成矽膠，並有含鐵岩石的熔岩成分進入矽膠，最後二氧化矽結晶成爲瑪瑙，其中並含有不同量的鐵、鋁、鎂、錳、鋅、鈦、鉬、銅、鎳等。

瑪瑙是大家熟悉的寶石材料之一，具有同心層狀紋帶、平行紋帶或各種花紋圖案的玉髓，通常不含或極少含有黏土質雜質。瑪瑙的花紋式樣繁多。

瑪瑙能給佩戴者帶來愉快和自信，能幫助持有者對已有的財富更加細心和精明的保護。

瑪瑙是佛教七寶之一，自古以來一直被當成避邪物、護身符。瑪瑙象徵友善、愛心和希望，有助於消除壓力和疲勞。將適量的瑪瑙放置於枕頭下，有助於安穩睡眠，並帶來好夢。佩戴瑪瑙不僅時尚，並能降低體溫，防止中暑。

二十二、蛋白石

蛋白石（Opal）是天然的硬化的二氧化矽的水合物膠凝體，含5～10%的水分。蛋白石與多數寶石不同，屬於非晶質，會因水分流失而逐漸出現裂縫。是一種含水的非晶質的二氧化矽。

蛋白石在顏色方面可謂五彩繽紛，從透明的乳白色、黑色以至於藍色都有。通常蛋白石都可以反射出彩虹中的七色。蛋白石能激發靈感、想像力，帶來突破性，是有專才、天才型人士們的寶石。能強化個人能力與才華，同時，蛋白石也能強化肺的功能。

二十三、橄欖石

橄欖石（Olivine）在寶石學上稱為Peridot，而其礦物學名稱則為Olivine。古時國外稱橄欖石為「太陽之石」，人們相信橄欖石所具有的力量像太陽一樣，可以驅除邪惡，降服妖魔。

橄欖石是一種矽酸鹽礦物，通常由鎂橄欖石（Forsterite; Mg_2SiO_4）與鐵橄欖石（Fayalite; Fe_2SiO_4）混合組成。屬斜方晶系。含鎂橄欖石爲無色至黃色；含鐵橄欖石則呈綠黃色；氧化時則變褐色或棕色並帶油脂光澤。

橄欖石顏色柔和悅目，使人心情舒坦和幸福的感覺，有助舒緩緊張情緒，令人心曠神怡，可使睡眠安穩。綠色能量有助於聚財。橄欖石顏色爲人們所喜愛，故又常被譽爲「幸福之石」。另外，人們相信橄欖石所具有的力量，像太陽一樣大，可以驅除邪惡黑暗，因此又稱爲「太陽的寶石」。並象徵聰明、和平、幸福、安祥、美滿、和睦、永保友誼等美好意願，並能化解人際間緊張的關係，有助於清除感情上的雜念與抑鬱。

橄欖石在能量預防保健上有很大的力量，可以改善因爲緊張焦躁所引起的失眠。用它浸泡水中約一夜就成爲水晶水，據說可以增強體力、消除疲倦，並且是很好的養肝液。

31 各類水晶的效益

一、水晶的特性

水晶具有轉換、擴大、儲存、聚焦和傳遞能量的特性，它在國防電子工業上非常的重要，因此一度被美國列爲戰略資源，禁止出口。

1.轉換特性：當水晶片遭擠壓時，會產生電力。通以交流電時，會隨電流膨脹和收縮，這種極快速的動作連續進行時，就產生「振盪」（Vibration）。以水晶製成的集熱晶片可以吸收太陽的熱能，並將其轉換成電能。

2.擴大特性：在積體電路（Microcircuit）中放置一小塊晶片，就能夠把電子訊號擴大，也就是透過水晶的振盪效果，輕微的電波會被擴大並維持原本相同的頻率，麥克風、各種電傳、視訊就是利用水晶的擴大特性而製造成功。

3.儲存特性：積體電路中的晶片能夠儲存大量的資訊，就是利用水晶半導體帶有正、負電荷的儲存特性，電腦中的記憶儲存就是依賴此種特性。

4.聚焦特性：在雷射運用中，以晶片與光束合用，可使我們在數秒中測出地球與月球間的距離，並能以聚焦的方式燒穿鋼牆。以水晶聚焦的特性，可以從事精細的眼睛外科手術。以水晶磨成凹凸鏡片，能聚焦陽光於一點，產生高熱，作爲光學儀器可以將物件放大或縮小。

5.傳遞特性：水晶本身振盪的頻率相當精準，因此被廣泛應用在石英錶、無線電和太空通訊上。

二、水晶的磁場效應

天然水晶，可謂是大地靈石，是地球上最具能量的半寶石。在西元1985年，美國加州大學聖塔克魯斯分校（University of California Santa Cruz）曾經召開過一個礦脈占卜者的會議，在會中曾以檢測飲用原水及水晶浸泡過的水對人體的功效爲主題，結果爲：飲用經過水晶浸泡過之水者，只需在短短四十五秒鐘內，其身體周圍電磁能場的範圍會產生巨幅的礦張，其磁場的幅度可遠達15英尺之遠，而僅僅飲用普通水的人其體內磁場則並無任何變化。

天然水晶是從地球形成之後，慢慢的結晶成長，經過千百萬年，甚至上億年，暴露在大自然中，經過風吹雨淋、雷電洗禮、日、月、星辰等的滋潤，使水晶產生強大的磁能與氣場。藉由水晶的磁能與氣能可使人體的內分泌達到平衡，並且可以穩定情緒、加強細胞的活躍性、改變人體的氣場，使人際關係更美好。

天然水晶是電子磁場導體，同時水晶特殊的結構產生了恆常而穩定的電子磁場，經過體溫、陽光、金屬或意念的刺激，會把能量加速地發放出來。同時，水晶所轉化出的能量是單一而穩定的，這種能量可平衡身心以達到和諧的最佳狀態。

三、水晶有促進人體代謝的功能

天然水晶，冰清玉潔，晶瑩媚麗，經常佩戴，對人體具有較好的保健和理療作用。明代著名醫學家李時珍在《本草綱目》中說，水晶「辛寒無毒」，主治「驚悸心熱」，能「安心明目、去赤眼、熨熱腫」等。

無缺陷的水晶單晶經加工成飾品供人們佩戴後，與佩戴者經摩擦後可以產生微弱的電磁場，這種電磁場具有穩定情緒、促使人體能量集中、減輕病患痛苦和緊張等功能。

從生物地球化學觀點來看，水晶與其他寶石一樣，特殊的地質構造環境形成，含有部分對人體有益的微量元素，例如鐵、銅、錳、鈦、鋅、鎳、釩、硒等，水晶出於形成時受到地下放射性照射而保留有少量放射性元素，但是含量極微，不會對人體有害，反而類似放射療法，這些微量元素透過與人體的經常摩擦而會沿毛細孔汗腺等侵入到人體內而促進體內微量元素平衡，使身體各部分更加協調。

如美國研究中心所推崇的「水晶療法」，就是將水晶按壓在病患傷患處起輔助治療作用。從水晶的光學特性看，水晶屬三方晶系的一軸晶正光性結晶體，有三個方向的光軸，當按方位精工切削琢磨後，光軸方向往往會產生一定聚光、放光功能，當其刺激到人體某一穴位時，可以產生一定的理療作用，有促進生長、加強新陳代謝的功能，增強人體免疫系統，使人體細胞活化，延緩老化現象。

四、水晶能調養元氣並能與人體產生互動

水晶會根據佩戴者的思維和情緒反應做出回應，並能和佩戴者的精神和意志產生互動。因而，水晶會增加思想和感情的能量，減少壓力與痛苦，並且可以加速正面思維的產生，這是水晶能量平衡的最佳功能之一。因此，水晶常用來調養元氣，並能與人體氣場協調，尤其是在吸收濁氣、避埋邪氣方面常爲使用者讚譽。因此常被用來鎭宅、聚財、招財、養身、袪病、除障、許願、祈福、靈修、供佛、助人緣、增智慧等方面。

★白水晶

白水晶（Rock Crystal）就是石英，通常把不透明的叫做石英，而透明的就稱爲白水晶，天然的結晶形狀爲六角柱形。它是水晶家族最具代表性、功能最多、應用最廣、助人最多的寶石，稱爲「晶王」。白水晶透明無色，清瑩通透。

白水晶在整個水晶的族群來說，分布最廣，數量最多，運用最廣，被譽爲「水晶之王」。白水晶提供精神力量，因此白水晶

對精神力及其他靈性的激發有很大幫助。可以增加記憶力、集中精神力。

白水晶能提升心靈的認知到更高層次，並可以消除任何層面的負面影響。把白水晶放入水中浸泡一夜或是三十分鐘以上則爲活水晶，可以清除體內的毒素，並能利用身體周遭的電磁場向身體內「充電」。

★水晶球

水晶球是用天然水晶柱加工而成的，加工製造過程不易。一個球的誕生需要耗掉比它的重量多出4～6倍的材料，而且在磨圓時，風險很大，往往容易迸裂而前功盡棄。

水晶球的球形體本身就代表一種「圓滿」，而「圓滿」是所有宗教、靈修、科學、哲學及人生追求的終極目標。有些人也喜稱它爲「有球必應」。而圓圓滿滿又具超強能量的水晶球，很自然成爲聖品、供品。水晶球多以各種水晶爲素材，並以其水晶的特性爲需求。

水晶球占卜（Scrying），借助水晶或者其他媒介（例如水），顯示圖像來解釋一些含有深奧意義的訊息。當使用水晶或任何透明介質來進行晶球占卜的技術，都被稱作水晶球占卜術（Crystallomancy）。一般占卜用的水晶球多以無色透明的白水晶球爲主。

★粉水晶

粉水晶學名芙蓉石（Rose Quartz），又名芙蓉晶、薔薇水晶、玫瑰晶、愛情石，主要化學成分爲二氧化矽。粉晶是六方晶系，有普通粉水晶、芙蓉粉水晶、冰種粉水晶、星光粉水晶四種。粉水晶能加強心肺功能的健康，可鬆弛緊張情緒，舒緩煩躁心情，發現自我提升悟性。粉水晶散發出溫和而吸引人的粉紅色光芒，可協助改善人際關係，增進人緣、生意緣，是開門做生意的最佳利器。

★紫水晶

紫水晶（Amethyst）象徵純高尙與尊重，代表誠摯、正直、善良、天眞、快樂，可減輕失眠，加強記憶力。紫水晶因爲當中滲入了微量的鐵和錳元素，所以顏色呈紫色。

紫水晶代表靈性、精神、高層次的愛意，可作爲對仰慕者的一種定情信物。紫水晶作爲道統意義上的護身符，通常可驅趕邪運，增強個人運氣，並能促進智能，平穩情緒，提升直覺力，幫助思考，集中注意力，增強記憶力，給人勇氣與力量。屬於高靈性的寶石，能鎭定安神。紫水晶是水晶家族裡面最爲高貴美麗的一員，又稱「風水石」，日本人稱紫水晶爲「能源石」。

紫水晶代表純潔和諧，睡眠時置於枕下，可激發思考及安定睡眠品質。接觸紫水晶能提升靈性，增長智慧。因此，在求學或者正面臨考試時的人，也很適宜佩戴。擺放紫水晶簇，會使人心情愉悅和清心寡欲。古人認爲它可以避邪、護身、帶來福祉和長壽，又可以解毒與避免受傷，好比護身符。

紫水晶能夠帶來靈感和智慧，象徵愛情、神祕、浪漫、高雅。紫水晶神祕而浪漫，是唯一紫色系列的寶石，紫水晶原本就代表高貴、典雅、華麗、幽靜、高尚、莊重和權勢。

紫水晶也是社交之石，但所指的社交並不是像粉晶所帶來的人緣，而是屬於內斂型的心而發吸引之緣，經常佩戴有助於常遇貴人，增加機智，提升直覺力與潛意識。

紫水晶的能量很高，可以開發智慧、幫助思考，對於需要長時間動腦的學生及上班族，紫水晶是不可或缺的夥伴。同時，紫水晶因為可以穩定情緒，當心情處於暴怒或無法冷靜下來時，可以激發出直覺而控制住言行。頭痛時，可以將紫水晶置於前額中央，藉由所發出的頻率波長而減輕頭痛感。

★紫水晶洞

紫水晶洞的作用可作為家宅或辦公室的風水石，有聚氣集財、避邪驅凶的作用。紫水晶洞的原礦是一整座像小山狀，開採後將它一剖為二，所以都是一對一對的，一個陰一個陽，手放進去會有一個是溫暖的感覺，另一個則是冰涼的感覺；但通常都被拆開來賣。但是無論是陰是陽，將手放入洞內，一定會感覺到它的能量。

紫水晶洞主要用來鎮宅、改善屋內風水、聚財等功能，其內部晶柱密集，彼此能量互相振動可凝聚屋內磁場，招福擋煞，吉祥平安。紫水晶洞本身具有強大的磁場，同時它能調節室內溫度，保持乾燥、除臭。紫水晶洞擺在門口，可以避小人，擋路煞，同時又可吸收日月之精華，紫水晶洞成為公司商號與家庭中最當擺設的水晶物品。

★黃水晶

黃水晶（Yellow Creastly; Citrine）主財運，可創造意外之財。黃水晶在寶石界被稱爲水晶黃寶石，其顏色從淺黃、正黃、橙黃到金黃都有。主偏財運。黃水晶發出黃色的宇宙能量，俗稱「財富之石」。

溫和的黃光能給人的心靈注入和諧的動力，加強靈氣，令人們充滿自信與喜悅。黃光是「物界」裡最強能量的顯現。

黃水晶的能量很強烈地對應著物質和財富。並且黃水晶結合精神與肉體的力量，建立並保持一個人的精神元氣，教人腳踏實地，增強落實能力。黃水晶，是從事服務性商業公司及商家不可或缺的招財寶，並有催財之功效，所以有「財富水晶」之稱。

黃水晶能激發溝通能力，並懷有接納他人的胸懷，能敏於感受周遭事物的能力，因此在做決定或評估事情時，不妨持有一塊黃水晶。

★煙晶

煙晶（Smoky Quartz; Brown Quartz）又稱茶晶、煙水晶、墨晶。含有二氧化矽和微量的鋁鹽，並且有放射性。煙晶大部分成六角柱體，跟其他的透明水晶一樣，裡面有時會有冰裂、雲霧等的內涵物。

煙晶其實是石英的常見品種，黑褐色的水晶看上去就好像被煙燻過一樣，色淺的叫煙晶，深一點或帶褐色的稱茶晶，深至不透光的稱墨晶，不過它們在功能上是相同的。

煙晶對於吸收負性能量有顯著的效果，尤其是吸收濁氣，可以加強人體免疫系統功能，使人體細胞活躍，老化速度減慢，恢復青春活力。

煙晶能使人體細胞活躍，減緩老化速度，恢復青春活力。還可以減輕或預防失眠症。天然茶晶可幫助個人提升回應力，加強分析判斷力，使精神安定，不再胡思亂想，並能清晰地落實主見，加強行動的力量。增進人體免疫功能，表示剛毅、堅韌、提升人們的回應能力，助事業有成。

煙晶是穩定水晶的代表性水晶，佩戴煙晶的手珠可以改變浮躁的心情，穩定情緒。並代表堅毅、信念，對於脾氣容易暴躁、神經質或過於好動的人皆有幫助。

煙晶具有很強的超聲波，磁場強大，它的能量對嗜菸、酗酒、藥癮及舒緩精神分裂的患者很有幫助。

★髮晶

髮晶（Quartz Rutilated）能量由於包含了本身天然水晶的能量之外，更加上內部礦物質所散發的特殊能量，所以髮晶比一般天然水晶還要剛烈強勁。

髮晶其實就是包含了不同種類針狀礦物質內包物的天然水晶，這些排列組合不同的毛髮針狀礦物質分布在水晶的內部，整體看起來就像是水晶裡面包含住了髮絲一樣，所以顧名爲髮晶。

金髮晶是水晶中的上品，金髮晶又稱維納斯晶。寓意吉祥如意，萬事太平，品味與地位的象徵。金髮晶指水晶中包含不同種類的針狀內包物，多呈金色、紅色或銀白色金髮晶，金色的稱爲鈦金金髮晶或金髮晶，因顏色不同而對應身體不同的部位和不同的靈性作用。所有金髮晶均能有效加強全身氣場，建立勇氣與信心，也可當護身符、幸運符使用，有防止濁氣及靈異干擾的作用。且金髮晶的能量比不帶髮絲的水晶能量強。

由於髮晶能量強勁，所以佩戴者一般不宜戴著睡覺，以免影響休息，當水晶內部含金色的針狀的二氧化鈦包裹時，水晶在強光照射下就會呈現出內部髮晶光絲的景象，非常漂亮。鈦晶與金髮晶兩者區別很少，唯有金髮晶髮絲細而綿密，而鈦晶的髮絲呈較粗的針狀或板狀，通常顏色上鈦晶感覺要深黃一些更金色一些，而金髮晶顏色淺一些。但金髮晶和鈦晶從本質上來說是一樣的。

紅髮晶象徵青春及活力，對於補充感情能量或促進荷爾蒙分泌有顯著的效果，而對於女生的血氣循環、新陳代謝更是有幫助，常常佩戴紅髮晶可以讓氣色更好，皮膚更細緻柔軟。

金髮晶能招財聚氣，也有辟邪化煞的作用，但是通常比未含髮絲的水晶能量來得威猛，適合脾氣較溫和需要魄力的人佩戴，平常脾氣就不好的人還是避免爲宜。正財偏財都招，磁場能量非常強，可當護身符。尤其常要夜間工作，或是出入各種雜氣病氣很重的場所的人，比方說醫療場所、特種營業場所等，有辟邪化煞、逢凶化吉的效果。

★鈦晶

鈦晶（Quartz Rutilated）主要的晶底為白水晶或茶晶，鈦晶以二氧化矽為主，並含有鈦的礦石。本身經過陽光或燈光的照射，更是璀璨亮麗。一般鈦晶皆具有六大主能量，主財、偏財、人緣、辟邪、健康、防小人。

鈦晶屬包裹體水晶中的一種髮晶。髮晶是指在水晶中含有髮狀、絲狀、針狀等礦物晶體形態的水晶晶體。

鈦晶特性含針狀或板狀礦物質鈦之髮絲，鈦晶氧化後呈閃亮的金色，有些還會含有極少的棕黑色黑髮頭，磁場非常強，因外型討喜，是市場上價位相當高的水晶。

鈦晶顏色有暗紅、褐紅、黃、桔黃等，且含鐵量高者為黑色。

鈦晶的能量極強，對於經常需要作決策或者有事業的人，佩戴鈦晶可幫助做出正確而又明智的決定，更可激發個人的膽識、氣魄與格局。

鈦晶除了對於事業以外，本身對於財富的敏感度更是敏銳，鈦晶正財和偏財都招，並且氣勢上的霸道更代表著尊貴之意，很多企業家都很喜歡佩戴鈦晶，而且鈦晶可提升旺氣，招貴人，有逢凶化吉之意，可當護身符和平安符。

因為鈦晶的能量相當強烈，已經屬於霸道的一種，所以身體較虛弱的人，或者本身氣場已經很虛的人，先不要佩戴鈦晶，因為忽然大量的加入能力反而會對身體造成負擔。

★綠晶石和綠幽靈

綠晶石（Green Creastly），水晶的一種，主要化學成分是二氧化矽，因內含鎂和鐵化合物而呈現綠色。天然綠晶石極其罕見。市面上常見的像綠幽靈、綠髮晶等品種，裡面的包裹體是綠的，但水晶本身還是無色透明的。現市面上多爲人造綠晶石而且多數本身就是合成水晶，所以購買時，一定要非常小心。

綠幽靈（Green Phantom Quartz）是指在水晶的生長過程中，包含了不同顏色的火山泥等礦物質，在通透的白水晶裡，浮現如雲霧、水草、漩渦甚至金字塔等天然形象，內包物顏色爲綠色的則稱爲綠幽靈水晶，同樣道理，因火山泥灰顏色的改變，也會形成紅幽靈、白幽靈、紫幽靈、灰幽靈水晶等。

綠幽靈能創造事業與財富，主財、招財和納財。綠幽靈對於個人的事業，不論以攻或以守，皆有極大的助力，財富便自然地會積聚起來了。綠幽靈又稱「鬼佬財神」、「正港財神」，原因是它的色彩跟美金很相似，而且更名副其實擁有吸引財富的能力，所以它能成爲生意人的寵物，有助提升思維，開放心靈，具有招財和高度凝聚財富的力量，是代表因辛勤努力而累積的財富。

綠幽靈能提升事業，凝聚財富，促進人緣，被稱爲「活力之石」。

綠幽靈水晶對於招貴人更是有獨到之處，這是很多人都忽略的，綠幽靈水晶所散發出的磁場可以替你吸引貴人，尤其是對事業上面有所幫助。而且對於新工作或新事業，亦或者常往外地工作的人，更適合不過。

綠幽靈所發出的振波，可以強化免疫系統，有助健康。

★黑曜石

黑曜石（Obsidian）又稱「黑金剛武士」，是一種常見的黑色寶石，又名天然玻璃，是一種自然產生的玻璃。黑曜石一直享有著水晶的身分，事實上，黑曜石雖然化學成分和水晶相近，但屬於火山玻璃，並不是眞正的水晶。黑曜石屬於火成岩的一種，爲火山熔岩迅速冷卻後形成的，因此難以結晶，屬於非晶體礦石。

黑曜石可增強生命力，恢復體力，對於用腦過度的上班族和創意工作者有很好的平衡作用。黑曜石可強健腎臟，吸收病氣，增進睡眠，對酗酒、抽菸、藥品成癮有改善作用。可使人穩重、舒緩壓力、心平氣和、消除情緒困擾，並可加強行動力，增強領袖魅力和向心力，並且有助事業，也可稱爲「領袖石」。

黑曜石的能量比較屬於吸納性能量。因此，建議黑曜石需佩戴在右手。對所有的水晶來說幾乎全部都是佩戴左手，唯獨黑曜石，是佩戴右手，因爲根據氣場走向，一般都是以左進右出爲原則，所以，左手都是進氣而右手是排氣，右手佩戴黑曜石有助於將自身的負性能量給吸納排除掉，包括比較不乾淨的東西或是病氣，甚至是比較不好的運氣都可以清除。

黑曜石的能量非常剛烈，辟邪效用最佳，隨身佩戴黑曜石是最好的護身符和辟邪物。黑曜石是排除負性能量最強的水晶之一。可以大量的吸納負性能量，但是它並不會自行清除，所以在一定的時間之內，一定要淨化它。

五、水晶與寶石的顏色與其醫療作用

水晶與寶石的顏色，都含有其特定色彩的放射線的振動頻率所產生出來的能量。每種放射線能量都有它的特性，如果能對這些特性加以瞭解的話，就能在選擇水晶和寶石時做出正確的抉擇。

美國的研究人員發現，若是把暴力犯罪置於一個粉紅色的房子內，會使他在十分鐘內安靜下來，這就是因爲粉紅色所發出的頻率，可以安定心神，並能減弱身體力量。

如能運用水晶和寶石的色彩，再針對身體的七大部位進行治療就能提升治癒力，因爲身體每一部位都有其特定所能感應的顏色，如以外表呈現該色的水晶與寶石進行該部位的調養，就可得到意想不到的好處，例如，把紅色的寶石或紅髮晶放置於生殖器上，或是放在生殖器附近的地方，就可以影響到人體的性腺。並且還能促進細胞的再生以及改善循環系統，重新恢復精力及活力，諸如紅玉髓、瑪瑙、血石以及石榴石等，都很適合啓發性腺的功能。

再則以心臟及胸腺方面，則以綠色及粉紅色的寶石爲最佳，像孔雀石、翡翠、苔瑪瑙、玫瑰石英等都是上選。

以石英水晶配合著其他的水晶和寶石，並放在各個相關的身體部位上時，就可以增加其效果，例如，脾臟正好位於肚臍之下，而橙色或是黃色的水晶和寶石則可以爲其帶來最大的利益，如黃水晶、琥珀、瑪瑙或是金紅石石英等。

藍綠色屬於喉嚨這一部位，如把綠石、碧玉、東陵玉、琉璃或藍寶石等放在喉嚨上，可以舒緩喉嚨疼痛。

其實石頭雖然不是珍貴的寶石，但是也具有和珠寶相同的效果，只是依據石頭的顏色，就可以知道它適合於哪種用途。一般而言，色彩愈晦暗、愈密實的石頭，愈能使身體方面得到平衡；而色彩愈明亮的石頭則愈有助於精神方面的提升。

六、五行水晶增加天地人之間的磁場

「五行水晶手鍊」是由紫晶、白晶、茶晶、髮晶與黃晶等五種水晶編串而成的。這五種水晶象徵著宇宙中金、木、水、火、土五行的運行與調和。只要佩戴「五行水晶手鍊」就能自然地運用本身的磁場來啓動水晶的能量與磁場，進而調和您與天、地間的磁場，而使生活更加平安順心。

七、挑選水晶的方法

水晶具有靈性，跟佩戴者有相通的訊息，因此挑選水晶的方法全隨心靈互動的感覺。一般將水晶放在掌中數分鐘，並試著去感受它所發出的能量和振動。當感受到體溫改變或是腦海有平靜和諧的感覺，或者在選購時瞬間放棄，但是最後還是有戀戀不捨的感覺，就是有緣的水晶。也就是必須相信自身的直覺反應，當一顆寶石或水晶讓你產生作用時，就是屬於你的寶貝，可以激勵出正面肯定的力量。

天然水晶一直是許多人夢寐以求的寶貝，市面上「贗品」很多，眞假難分。仿水晶，即玻璃製品。假如在有儀器檢測的情況下識別眞假是一件非常輕易的事，然而消費者不可能帶著儀器去購買水晶飾品，因而要把握一般常用的識別方法，尤其在選購水晶球時應注意各種辨判法則。

1.天然水晶具雙折射特性，偏光鏡下，天然水晶每轉90°，會顯示明暗的變化，而底下燈光可透上來。而合成水晶就黯淡下來，底下燈光透不上來。水晶玻璃和熔煉水晶更是黯淡無光。

2.天然水晶球，利用「雙折射」特性，將球壓在一條線上，一定會出現「雙重影」，而人造水晶球是「單折射」的，所以可以清清楚楚地看到球下的線。只要用一根頭髮絲放在一張白紙上，將球壓在頭髮絲上，不斷滾動球體並透過球體觀察髮絲的變化，發現有髮絲雙影則爲水晶球，假如滾動任意方向均看不到髮絲雙影則爲玻璃球。這是由於水晶具有雙折射率而玻璃只有單折射之故。或是用手握住水晶球，透過球體來看指紋，如果能清楚看到指紋的就是人造水晶球，如果看起來有些模糊，而手指邊緣又出現「雙重射」的就是天然水晶球，球體越大越容易分辨。

3.感受能量。天然水晶經過幾億年的天地精華靈氣的滋養，散發著宇宙能量，握在手中，細細體會，便會有細微如電流般的振動，令人精神振奮。而人工合成水晶根本無任何能量可言。

4.看內包物。在挑選白水晶時，天然水晶的表面光澤多呈「淡清色」，且含有「內包物」，有的是些亮晶片，有的似雲似霧，有如山川景緻，因其天然形成，形態隨意、奇異而富美感。人造水晶外表看來十分蒼白剔透，有的含有規則的橢圓形絮狀物，那是人造水晶的生成層。

5.天然水晶通常比較重，同尺寸的天然水晶會比人造水晶重。

挑選眞正的天然水晶並不一定是純淨無瑕的就好，完全可根據自己的經濟情況，天然水晶無法避免其特有的雜質和冰綿，如天然石紋、雲霧、礦痕、冰紋等，都皆爲正常現象。天然水晶極少有完美的，百分百完美毫無瑕疵是不可能的。

八、水晶讓動植物和食品再現活力

無論是單一水晶或是水晶群，對家中廚房也有無窮的妙用，例如：

1.淨化酒類，許多原本苦澀、辛辣的低價酒類，經過放置水晶處理後，會變得香醇可口。

2.增添口感，尤其是對茶品或醬油類的食物，經過放置水晶在其四周後，口感甘甜味會增加。

3.將水晶放置在準備處理的食物旁邊，可增加食物的保鮮時間。

4.把水晶放在裝盛種子的器皿旁邊，不僅讓種子發芽早，並且成長快而更結實。

5.把水晶放入花瓶內或是花瓶旁，可以延長花期。

6.水晶亦可以刺激室內植物的生長。

7.將水晶放入魚缸內，不但可以淨化水質也可以讓魚兒更活潑更健康。

九、水晶消磁淨化的方法

由於水晶有記憶的功能，所以任何一顆新到手的水晶，都可能含有前一手的殘餘能量。在佩戴使用水晶前要先做好水晶之淨化消磁工作，透過消磁淨化將內在訊息歸零，培養真正屬於自己的水晶。

★清水沖洗法

將水晶以水龍頭或淨水器的水，沖洗約3～4分鐘後抹乾，再置放於露天之地，讓大自然元素如陽光、月亮等將它充電，排除汙染其間的負性能量。

★海鹽消磁法

淨化水晶的方法有很多，最簡單的方法就是把要淨化的水晶浸於清水中，並且在清水中放置一些粗鹽，浸泡二十四小時後將水晶沖洗乾淨，用乾布把它抹淨，放置陽光（陰涼處）下三至四小時，讓它回復生命力，或將晶石埋於天然純海鹽之中，六至八小時後，再以清水沖洗數分鐘即可。

★日光消磁法

把水晶礦石放在窗檯邊、陽台上，讓陽光照射二至三小時。

★晶簇晶洞消磁法

將水晶放在水晶簇或紫水晶洞上，或將晶石或晶石首飾，放在較大塊的骨幹水晶母體上面，至少二十四小時。讓晶簇、晶洞發出生生不息的振動能量，清除水晶雜訊及爲它重新充電，效果極佳。

★淨香藏草消磁法

就是用檀香、沉香、藏草，點一盆在旁，或用拜拜的「香」、「香枝」點幾枝在旁邊也可以。點燃了，藉其香料所燃出來的煙，即可淨化其周遭的能量場。

★冷藏消磁法

將水晶放入冰箱冷凍庫三至四小時（務必使用密封袋或保鮮膜使其隔離冷凍庫之負信息場），極低溫對水晶有消磁淨化作用。水晶屬高密度礦石，容易因其溫差變化，導致水晶破裂。用此法時一定要小心。

★土埋消磁法

將水晶埋入未受汙染的潔淨土中或雪地裡更佳，至少兩天。泥土具有孕育生命的強大力量，再以流水沖洗。

★佛經音樂消磁法

以聲音的「振動波」來作消磁是很自然的方法，建議用一些大寺廟老師父們的誦經「梵唱」的CD或音樂帶來消磁。

★溪水消磁法

將水晶放在瀑布或溪流中，讓大自然靈氣直接沖洗，效果更佳。但切記勿放入汙染的水裡，反遭汙染。

與生日對應的水晶寶石

出生日	宜佩戴之水晶寶石
魔羯座（12月23日～1月22日）	紅寶石、石榴石、紫水晶、碧璽
水瓶座（1月23日～2月22日）	藍寶石、紫水晶、粉晶
雙魚座（2月23日～3月22日）	碧璽、紫水晶
牡羊座（3月23日～4月22日）	血石、珊瑚、碧璽、紫水晶
金牛座（4月23日～5月22日）	藍寶石、翡翠、黃玉、髮晶
雙子座（5月23日～6月22日）	瑪瑙、黃水晶、黃玉
巨蟹座（6月23日～7月22日）	翡翠、苔瑪瑙、瑪瑙、綠土耳其玉
獅子座（7月23日～8月22日）	琥珀、橄欖石、瑪瑙、碧璽、黃水晶
處女座（8月23日～9月22日）	紅玉髓、粉晶、黃晶、玫瑰石英
天秤座（9月23日～10月22日）	蛋白石、碧璽、橄欖石、紫水晶、粉晶
天蠍座（10月23日～11月22日）	紅寶石、黃玉、石榴石
射手座（11月23日～12月22日）	土耳其玉、孔雀石、紫水晶、粉晶、碧璽

各結婚紀念日的紀念物

年份	紀念物	年份	紀念物
1	紙	19	風信子石
2	棉	20	瓷
3	皮	23	藍寶石
4	絲（花果）	25	銀
5	木	26	藍寶星石
6	糖（鐵）	30	珍珠
7	毛	35	珊瑚
8	古鋼（銅）	39	虎眼石
9	陶器	40	紅寶石
10	錫	45	紫翠玉寶石
12	瑪瑙（麻婚）	50	金
13	月長石（花邊婚）	52	紅寶星石
14	苔瑪瑙（象牙婚）	55	翡翠
15	水晶	60	金鋼鑽
16	黃玉	65	藍寶石
17	紫水晶	67	藍寶石
18	石榴石	75	鑽石

水晶與屬相

各屬相適合的水晶和礦石

屬相	適合的水晶和礦石
鼠	金髮晶、白水晶、黃水晶、蛋白石、黃玉、碧璽、蜜蠟、紫水晶、茶晶
牛	綠幽靈、綠碧璽、綠髮晶、橄欖石、白水晶、金髮晶、茶晶、虎眼石
虎	碧璽、藍玉髓、黑曜石、茶晶、螢石、髮晶、綠幽靈
兔	碧璽、紫水晶、石榴石、黃水晶、綠幽靈、粉晶
龍	白水晶、金髮晶、碧璽、紫水晶、玫瑰晶、粉晶、黃水晶
蛇	碧璽、黃晶、茶晶、黃玉、蜜蠟、粉晶、金髮晶、東陵玉
馬	紫水晶、玉髓、石榴石、螢石、碧璽、髮晶、黃水晶
羊	綠幽靈、碧璽、髮晶、黑隕石、藍晶石、玉髓、茶晶、紫水晶、雞血石
猴	茶晶、海藍寶、黑曜石、黑隕石、藍晶石、玉髓、金髮晶、黃水晶、紫水晶
雞	碧璽、茶晶、黑曜石、黑隕石、髮晶、紫水晶
狗	綠幽靈、碧璽、髮晶、橄欖石、黃水晶、粉晶、瑪瑙
豬	紫水晶、髮晶、粉晶、碧璽、茶晶

各類水晶寶石的功用

名稱	主要功用
綠幽靈	淨化、招財、聚財、增加事業運、主正財。
紅幽靈	吉祥、青春、財富、歡喜、好運、增強生命力。
碧璽	能量巨大，是打通神經系統及促進血液循環，也能促進細胞新陳代謝，回復活力、清除疲累，改變身體氣場，可治風濕、關節炎，也可增加心肺功能。
瑪瑙	定神、避邪。能沉穩，平復精神緊張，可避免意外事故（療效寶石）。可平衡正負能量，消除緊張的壓力，維持身體及心靈和諧，令事情容易達成。
石榴石	促進新陳代謝，改善血液循環，增強工作能力，亦可美容養顏，女士恩物。
螢石	可除頭腦漲悶感，主和平、避是非，防止外在的負能量入侵。
玉髓	清醒頭腦，可保旅遊者平安，可防意外，保持冷靜，對呼吸道毛病有效。
白水晶（晶王）	供佛、靈修。增記憶，助專心、鎮宅、辟邪、頭腦清晰、安定情緒、可得健康、好運。
黑水晶	消業障、靈療、煉氣、趨吉避凶、除魔。
茶水晶	祈福、沉著、穩健、平衡、持盈保泰（健康水晶）。增進免疫，活化細胞，提高再生能力，恢復青春。
紫水晶	緩和脾氣、好姻緣。平衡體能、智慧、廣結人緣，加強記憶，可鎮定安神，治失眠，開發靈性（愛的守護石）。開發智能，增強記憶，有助於靈性的溝通，在增進人緣方面有神奇的力量。
黃水晶	財富、事業、身體強壯。又名商人之寶，主偏財，助腸胃消化（財富水晶）。
芙蓉晶（粉晶）	姻緣、人緣。促進感情、增進人緣，改善人際關係，增進對異性的吸引力，易於溝通，也是愛情石（情感寶石）。招生意緣，提高悟性。
黑曜石	抗負能量，清病氣，辟邪。

名稱	主要功用
黃玉	給人活力、樂觀，減肥、治胃寒，消除失望、悲觀的情緒。
金髮晶	如意、如願、心想事成、大吉祥。
水晶簇	淨化、調和、如意、增財、穩定情緒。
虎眼 （勇敢之石）	招財、旺氣、辟邪。能發揮王者的力量、名成利就，有辟邪招財及聚財的作用，能激發勇氣、堅守原則、加強生命力。
雞血石 （生命之石）	促進生命力、調節血氣、振動人心、聚財。
東陵玉 （保健之石）	冷靜、注意力集中、清醒腦力、幫助睡眠、激發想像力和創造力。
天珠	磁場避劫、化險為安。
琥珀	定神、辟邪、護身。

礦物質保健聖經

作　　者／張慧敏
出 版 者／生智文化事業有限公司
發 行 人／葉忠賢
總 編 輯／閻富萍
特約執編／鄭美珠
地　　址／新北市深坑區北深路三段 258 號 8 樓
電　　話／(02)26647780
傳　　真／(02)26647633
E - mail ／service@ycrc.com.tw
網　　址／www.ycrc.com.tw
印　　刷／科樂印刷事業股份有限公司
ISBN ／978-986-5960-03-2
初版一刷／2012 年 10 月
定　　價／新台幣 300 元

總 經 銷／揚智文化事業股份有限公司
地　　址／新北市深坑區北深路三段 260 號 8 樓
電　　話／(02)86626826
傳　　真／(02)26647633

國家圖書館出版品預行編目（CIP）資料

礦物質保健聖經 / 張慧敏著. -- 初版. -- 新北市：生智文化, 2012.10
面；　公分

ISBN 978-986-5960-03-2(平裝)

1.礦物質　2.健康法

399.24　　101020257